高等职业教育"十三五"规划教材

信息技术基础——案例与习题（上）

主 编　谷照燕　陈　磊
副主编　李　辉
主 审　陈永庆

北京理工大学出版社
BEIJING INSTITUTE OF TECHNOLOGY PRESS

内 容 简 介

本书是根据职业岗位对计算机公共基础技能的要求，以引领高职计算机应用技术基础课程改革为目标，根据全球计算机综合能力认证课程标准进行编写的。本书是《信息技术基础教程》的配套教材，全书由三个项目组成，项目一计算机基础知识，主要介绍了个人计算机的组装、打印机等硬件的设置；项目二 Windows 7 操作系统，介绍了 Windows 7 操作系统的使用方法；项目三 Internet 与网络基础，介绍了网络应用与安全等相关知识，最后给出了习题及参考答案。

本书适合作为高等院校计算机公共课程的教材，也适合对计算机操作感兴趣的读者学习参考。

图书在版编目（CIP）数据

信息技术基础案例与习题. 上/谷照燕，陈磊主编. —北京：北京理工大学出版社，2017. 8（2019. 9重印）

ISBN 978 – 7 – 5682 – 4297 – 4

Ⅰ. ①信…　Ⅱ. ①谷…　②陈…　Ⅲ. ①电子计算机 – 高等职业教育 – 教学参考资料　Ⅳ. ①TP3

中国版本图书馆 CIP 数据核字（2017）第 138908 号

出版发行／北京理工大学出版社有限责任公司

社　　　址／北京市海淀区中关村南大街 5 号

邮　　　编／100081

电　　　话／（010）68914775（总编室）

　　　　　　（010）82562903（教材售后服务热线）

　　　　　　（010）68948351（其他图书服务热线）

网　　　址／http：//www. bitpress. com. cn

经　　　销／全国各地新华书店

印　　　刷／三河市华骏印务包装有限公司

开　　　本／787 毫米×1092 毫米　1/16

印　　　张／20. 5　　　　　　　　　　　　　　　　责任编辑／陈莉华

字　　　数／482 千字　　　　　　　　　　　　　　文案编辑／陈莉华

版　　　次／2017 年 8 月第 1 版　2019 年 9 月第 3 次印刷　　责任校对／周瑞红

定　　　价／49. 80 元　　　　　　　　　　　　　　责任印制／李志强

图书出现印装质量问题，请拨打售后服务热线，本社负责调换

前　言

　　信息时代的来临不仅改变着人们的生产和生活方式，也改变着人们的思维和学习方式。在计算机普及的基础上，手机、平板电脑等便携式设备也成为重要的信息化终端设备，它们对计算机基础教学提出了新的挑战。在以往的计算机基础教材中，采用案例驱动方式居多，读者按照教材中的操作步骤可以完成案例，体会到一定的成就感，但是再次遇到同类问题时却无从下手，不能较好地运用知识和技能解决实际问题。因此开发理实一体化的教材，有助于读者技能和素养的提升，对培养"面向现代化，面向世界，面向未来"的创新人才具有深远意义。

　　本书是计算机一线教师根据 GLAD（Global Learning and Assessment Development）全球学习与测评发展中心的计算机综合能力国际认证（Information and Communication Technology Programs，简称 ICT 认证）标准精心编写的。本套书包括《信息技术基础教程》（上、下册）和《信息技术基础——案例与习题》（上、下册），本书为《信息技术基础——案例与习题（上）》，全书分为三大项目，主要内容包括：

　　项目一计算机基础知识，主要介绍如何识别个人计算机组件，对其进行组装所需的知识和技能。BIOS 的设置，Windows 7 操作系统的安装，输入法与打字练习软件的使用，任务管理器的操作以及打印机的设置等内容。

　　项目二 Windows 7 操作系统，主要介绍 Windows 7 操作系统的工作环境设置，文件和文件夹的操作，磁盘管理，软件的安装、卸载和使用，用户和用户组管理，附件的使用等内容。

　　项目三 Internet 与网络基础，主要介绍局域网的组建与应用，IE 浏览器的设置与使用，电子邮件的使用，QQ 的使用，安全防护与杀毒软件的安装与使用等内容。

　　书中每个项目均有配套习题及参考答案，可以帮助学生巩固和复习所学知识。

　　本书由渤海船舶职业学院组织编写，由谷照燕、陈磊担任主编，李辉担任副主编，陈永庆主审。其中，项目二由谷照燕编写；项目一、项目三由陈磊编写；各章习题及参考答案由李辉整理编写。

　　由于时间仓促，加之水平有限，书中难免有不足之处，敬请广大读者提出宝贵意见和建议。

编　者

目　录

项目一

计算机基础知识

【项目描述】

在当今信息化的社会，计算机已经成为我们生活中不可缺少的一部分，一旦计算机出现故障，往往会极大地影响我们的工作和学习，对于不会修计算机的人来说，即使像更换主机配件或设置 BIOS 这样简单的事情，对他来说都是一个令人头疼的问题。掌握计算机的基础知识，不仅是现代大学生必备的基本素质，也是今后工作的重要技能。

【项目分析】

本项目通过组装台式计算机，了解计算机的硬件组成、各种硬件的功能和计算机的组装过程，再通过 BIOS 常用设置，了解计算机软件系统的基本设置。

【相关知识和技能】

计算机各种硬件的组成、功能，计算机的组装过程，BIOS 常用设置，打印机的设置，指法练习。

任务一　计算机主机的组装

【任务目标】

本任务通过组装一个计算机主机，使读者了解计算机中各种硬件的结构特点、性能参数以及计算机的组装过程。

【任务分析】

做好组装前的准备工作，制定一个组装计算机的操作流程。组装一台计算机的流程不是唯一的，其一般步骤如下：

（1）在主板上安装 CPU 和 CPU 风扇。
（2）在主板上安装内存条。
（3）准备机箱，在机箱上安装主板。
（4）安装驱动器（光驱、硬盘）。
（5）安装显卡及其他接口卡。
（6）安装机箱内所有的线缆接口。
（7）安装机箱侧面板，安装键盘、鼠标和显示器等外设。

（8）加电测试。

【知识准备】

组装计算机之前应认识计算机的各类硬件及外设配置，组装计算机时要遵守操作规程，尤其要注意以下事项：

（1）防止静电。

（2）防止液体进入计算机。

（3）对配件要轻拿轻放，防止元器件掉到地上。

（4）装机时不要先连接电源线，通电后不要触碰机箱内的部件。

（5）测试前建议只组装必要的设备，待确认没问题后再组装其他配件。

【任务实施】

（一）组装前的准备工作

1. 准备工具

在计算机组装的过程中需要如图 1-1 所示的工具。

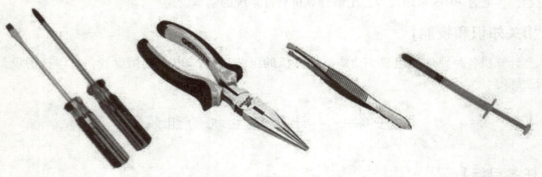

图 1-1　组装所需的工具

1）十字螺丝刀和平口螺丝刀

在组装计算机时，我们需要用到两种螺丝刀，一种是"十"字形螺丝刀，另一种是"一"字形平口螺丝刀。在选购螺丝刀时，应选择顶部带有磁性的螺丝刀。组装者可以单手操作，即使螺丝在比较隐蔽的地方也可以方便地操作，带磁性的螺丝刀还可以吸出掉进机箱的螺丝。不过螺丝刀上的磁性不能过大，吸附能力以刚好能吸住螺丝钉为宜，以免磁化计算机中的部分硬件。

2）尖嘴钳

尖嘴钳主要用来拧一些比较紧的螺丝，或者当机箱不平整时可以用它将机箱夹平，在机箱内固定主板时就可能用到尖嘴钳。

3）镊子

镊子主要是在插拔主板或硬盘上某些狭小地方的跳线时用到。目前在计算机的主板、光驱和硬盘等设备上需要设置许多跳线，由于这些跳线体积小，不方便用手拿，所以要用镊子来完成；另外，如果有螺丝不慎掉入机箱内部，也可以用镊子将螺丝取出来。

4）导热硅胶

导热硅胶是涂于计算机 CPU 上的一种硅胶，以便散热，广泛用于晶体管、电子管、CPU 等电子元器件，从而保证电子仪器性能的稳定。它耐高低温、耐水、耐气候变化，既具有优异的电绝缘性，又有优异的导热性。

2. 准备所需的配件

在准备组装计算机前，还需要准备好所需要的计算机硬件，如机箱、主板、CPU、内存、电源、显卡、声卡、网卡、硬盘、光驱、数据线、键盘、鼠标、显示器、路由器以及打印机等，部分硬件介绍如下。

1）中央处理器 CPU

CPU 主要由运算器和控制器组成，是计算机的指挥中心，其功能主要是对数据进行运算以及解释控制计算机的指令。目前个人计算机一般采用 Intel 和 AMD 的 CPU，如图 1-2 所示为 Intel core i7 CPU 外形。

2）主板

主板是装在机箱中的一块矩形多层印制电路

图 1-2 Intel CPU 外形

板，在它上面布满了大量的电子线路，分布着构成计算机主系统电路的各种元器件和插件，如图 1-3 所示。

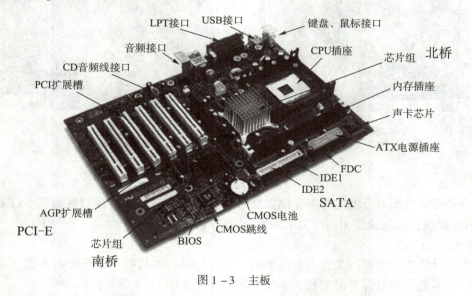

图 1-3 主板

3）内存

内存是与 CPU 进行沟通的桥梁，计算机中所有程序的运行都是在内存中进行的，CPU 可以对内存进行读写操作，存放各种输入、输出数据和中间计算结果，以及在 CPU 与外部存储器交换信息时做缓冲之用，如图 1-4 所示。

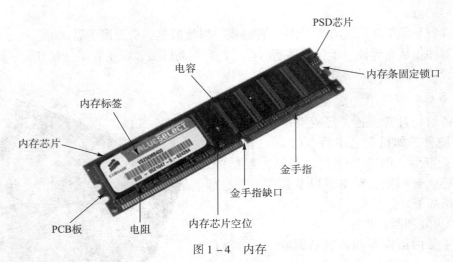

图 1-4　内存

4）显卡

　　显卡用来处理计算机中的图像信息，可独立进行图形处理方面的工作，并将处理的结果转换成显示器能够显示的模拟信号，这样在显示器上就能看到输出的图像。显卡包括 AGP 显卡和 PCI-E 显卡，如图 1-5 所示。其中 PCI-E 显卡的性能远优于 AGP 显卡，所以 AGP 显卡逐步被淘汰。

AGP显卡　　　　　　　　　　　PCI-E显卡

图 1-5　显卡

5）硬盘

　　硬盘是存储数据最重要的外部存储器之一，现在常用的是 IDE 接口硬盘和 SATA 接口硬盘。SATA 硬盘在读取速度上高于 IDE 硬盘，如图 1-6 所示。

6）光驱

　　光驱是计算机用来读写光盘内容的机器。光存储设备的数据存放介质为光盘，其特点是容量大、成本低，而且保存时间长，不易损坏，光驱如图 1-7 所示。

7）电源

　　电源为主机中的所有设备提供动力，一台计算机的正常运行离不开一个稳定的电源。电源有多个接口，分别接到主板、硬盘和光驱等部件上为其提供电能，如图 1-8 所示。

IDE接口硬盘　　　　　　　　　　　SATA接口硬盘

图1-6　硬盘

图1-7　光驱　　　　　　　　　　　图1-8　电源

3. 注意事项

（1）防止人体所带静电对电子器件造成损伤，在安装前，先消除身上的静电，比如用手摸一摸自来水管等接地设备；如果有条件，可佩戴防静电环。

（2）在连接机箱内部连线时一定要参照主板说明书进行，对不懂的地方要仔细查阅资料或请教专业人士，以免因接错线造成意外故障。

（3）在组装时不要先连接电源线，更不要接通电源。

（4）计算机配件要轻拿轻放，不要碰撞，尤其是硬盘。

（5）安装主板、显卡和声卡等硬件时应保持平稳，并将其固定牢靠。安装主板时还应安装绝缘垫片。

（6）插拔各种板卡时不能盲目用力，以免损坏板卡。

（7）在拧螺丝时，不能拧得太紧，拧紧后应往反方向拧半圈。

（二）组装计算机

装机开始后，我们要严格按照装机流程来安装，防止出现问题。

1. 准备机箱

在组装计算机前，应先打开机箱的侧面板。目前有的机箱使用螺丝，有的机箱则没有，根据情况打开机箱侧面板后，将机箱中的杂物去除。此时可以看到机箱的内部结构，如图1-9所示。

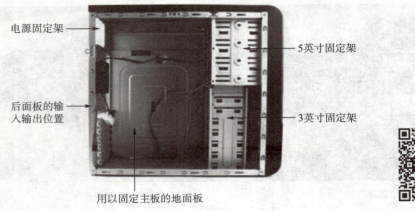

电源固定架 ——

后面板的输入输出位置 ——

—— 5英寸固定架

—— 3英寸固定架

用以固定主板的地面板

图1-9 机箱内部结构

准备机箱

温馨提示：其中5英寸（1英寸＝2.54厘米）固定架一般安装光驱，3英寸固定架可以安装硬盘，电源固定架是用来固定电源的，在机箱的另一侧是一块用来固定主板的大铁板，这里称其为底板。在底板上面有许多固定孔，可用铜柱或塑料钉来固定主板。

2. 安装电源

（1）安装电源时要先将电源放进机箱左上方的电源固定架上，如图1-10（a）所示。

（2）将电源上的螺丝固定孔与机箱上的固定孔对正，先拧上一颗螺钉（固定住电源即可），然后将最后3颗螺钉孔对正位置，再拧上剩下的螺钉即可，如图1-10（b）所示。

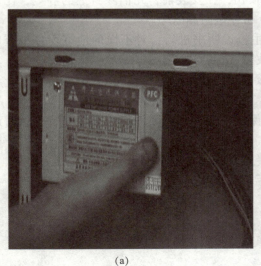

（a）

（b）

图1-10 安装电源

（a）安装电源；（b）安装螺丝

温馨提示：在安装电源时，要注意电源放入的方向，一般都是反过来安装，即上下颠倒；并且有些电源有两个风扇，或者有一个排风口，则其中一个风扇或排风口应对着主板。

3. 安装 CPU 和散热器

1）安装 CPU

安装电源

（1）安装 CPU 之前，要先将主板上的 CPU 插座打开，方法是：用适当的力向下微压固定 CPU 的压杆，同时用力往外推压杆，使其脱离固定卡扣，如图 1 – 11（a）所示。

（2）压杆脱离卡扣后，我们便可以顺利地将压杆拉起，如图 1 – 11（b）所示。

（3）接下来，将固定处理器的盖子与压杆反方向提起，CPU 插座就展现在我们的眼前，如图 1 – 11（c）所示。

（4）安装 CPU 时，处理器上印有三角标识的那个角要与主板上印有三角标识的那个角对齐，然后慢慢地将处理器轻压到位。将 CPU 安放到位以后，盖好扣盖，并反方向微用力扣下处理器的压杆，如图 1 – 11（d）所示。至此 CPU 便被稳稳地安装到主板上，安装过程结束。

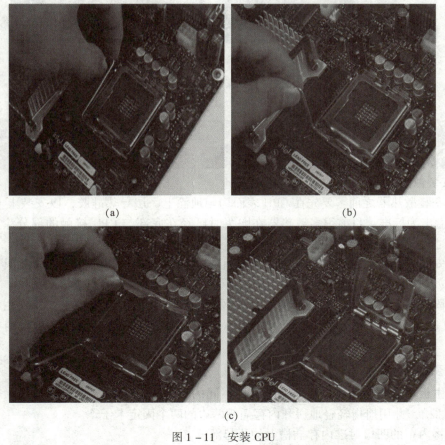

（a）　　　　　　　　　　　　（b）

（c）

图 1 – 11　安装 CPU

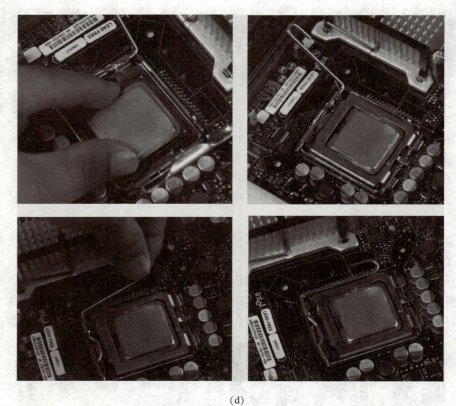

(d)

图 1 – 11　安装 CPU（续）

（a）打开插座；（b）拉起压杆；（c）CPU 插座；（d）安装 CPU

温馨提示：在安装 CPU 时，要轻按 CPU 并使每根针脚顺利地插入到针孔中，不能用力过大，以免将 CPU 的针脚压弯或折断。

2）安装散热器

（1）安装散热器之前，要先在 CPU 表面均匀地涂上一层导热硅胶，以安装上 CPU 风扇后硅胶不溢出为标准。目前很多散热器在购买时已经在底部与 CPU 接触的部分涂上了导热硅胶，这时就没有必要再涂一层了。

（2）安装时，将散热器的四角对准主板相应的位置，然后用力压下四角扣具即可，如图 1 – 12（a）所示。

（3）固定好散热器后，我们还要将散热风扇接到主板的供电接口上，找到主板上安装风扇的接口（主板上的标识字符为 CPU_FAN），如图 1 – 12（b）所示，将风扇插头插入即可。

4. 安装内存条

（1）主板上的内存插槽一般都采用两种不同的颜色来区分双通道与单通道。在主板上找到内存插槽，并用拇指轻轻地掰开内存插槽两边的两个固定卡子。

（2）将内存的凹口对准内存插槽上的凸起部分。

(a)　　　　　　　　　　　　　　　(b)

图 1 – 12　安装风扇

（a）安装风扇；（b）安装插头

（3）双手捏住 DDR2 内存的两端，用力均匀地将内存条压入主板内存插槽内，如图 1 – 13 所示。

（4）当往下压内存条时，插槽两边的固定卡子会自动卡住内存条。当固定卡子垂直于主板时，表明内存条已安装到位。

安装 CPU 和散热器

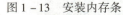

图 1 – 13　安装内存条　　　　　　　　安装内存

5. 安装主板

（1）在安装主板之前，先将机箱提供的主板垫脚螺母安放到机箱主板托架的对应位置，如图 1 – 14（a）所示。

（2）然后双手平行拿住主板，如图 1 – 14（b）所示，将主板放入机箱中，确定主板安放到位，最后拧紧螺丝即可。

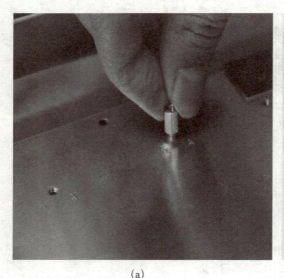

(a)　　　　　　　　　　　　　　　　　(b)

图 1 – 14　安装主板

(a) 安装主板垫脚螺母；(b) 安装主板

温馨提示：安装 CPU 和 CPU 风扇时，主板与 CPU 的各项技术指标必须匹配；CPU 风扇与 CPU 必须匹配；内存条与 CPU、主板的各项技术指标必须匹配。

6. 安装硬盘和光驱

1）安装硬盘

（1）在机箱内找到硬盘驱动器托架。

（2）再将硬盘插入驱动器托架内，并使硬盘侧面的螺丝孔与驱动器托架上的螺丝孔对齐，用螺丝将硬盘固定在驱动器托架中，如图 1 – 15 所示。

安装主板

图 1 – 15　安装硬盘

安装硬盘

2）安装光驱

（1）首先从机箱的面板上，取下一个五英寸槽口的塑料挡板，为了散热，应该尽量把光驱安装在最上面的位置。

（2）然后把机箱面板的挡板去掉，把光驱从前面放进去，如图 1 – 16 所示。还有一种拖拉式的光驱，先要将类似抽屉设计的托架安装到光驱上，像推拉抽屉一样，将其推入托架中即可，要取下时只需用两手掰开两边的弹簧片即可。

图 1 – 16 安装光驱

温馨提示：在安装硬盘和光驱时，一定要先确定连线的方法，即将硬盘和光驱连到一根数据线上，还是各用一根数据线。一般来说，硬盘出厂时默认的设置是作为主盘，当只安装一个硬盘时是不需要改动的；当安装多个硬盘时，需要对硬盘重新设置。

7. 安装显卡、声卡、网卡

1）安装显卡

（1）首先将机箱后面的插槽挡板取下，如图 1 – 17（a）所示。

（2）安装时，先将机箱后面与 PCI – E 插槽对应的挡板取下，用手轻握显卡两端，将显卡的接口对准主板上的显卡插槽。

（3）然后垂直向下用力，将显卡插入主板的 PCI – E 插槽中，用螺丝固定后即完成，如图 1 – 17（b）所示。

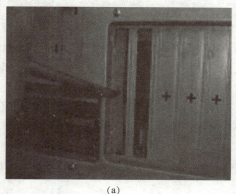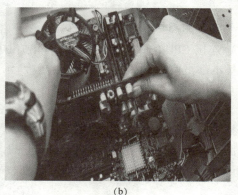

（a）   （b）

图 1 – 17 安装显卡

（a）取下插槽挡板；（b）安装显卡

温馨提示：显卡的工作原理是，CPU 首先将要显示的数据送到显卡上的显卡缓冲区，然后显卡再将数据送往显示器中。

2）安装声卡

声卡的安装与安装显卡类似，在此不再赘述。只需将它安装在一个空闲的 PCI 插槽上，并将螺丝固定好即可。

安装显卡

3）安装网卡

（1）取下与网卡插槽位置对应的机箱挡板。

（2）将网卡的接口对准 PCI 插槽插入，如图 1-18 所示。

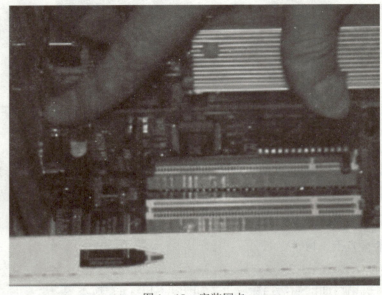

图 1-18　安装网卡

（3）用螺丝刀拧紧固定网卡的螺丝钉。如果还有多功能扩展卡等其他扩展卡，使用同样的方法将其安装到 PCI 插槽中即可。

温馨提示：如果主板上有集成的显卡、声卡、网卡，就可以省略相关步骤。

8. 安装机箱内所有的线缆接口

（1）连接 CPU 的供电连线。CPU 单独供电接口有三种，分别是 4 针、6 针、8 针，现在的主板基本都是使用 4 针的，如图 1-19 所示，我们只需在电源上选择一个 4 针接口插入到主板上 CPU 供电接口上即可。

（2）连接主板电源。在主板上可以看到一个长方形的插槽，这个插槽就是电源为主板供电的插槽。目前主板供电的接口主要有 24 针和 20 针两种。这里以 24 针接口的安装为例，如图 1-20 所示，在主板供电接口上的一面有一个凸起的槽，在电源供电接口上的一面采用了卡扣式的设计，只需要将卡扣的一面和主板供电接口上凸起槽的那一面相对应插入即可。

图 1 - 19　CPU 供电接口

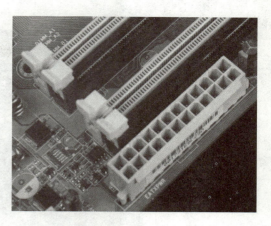

图 1 - 20　主板上 24 针供电插口

（3）连接硬盘电源线和数据线。它们的接口可分为串口和并口两种，目前串口已经逐步取代并口。在安装时，只需注意接口位置不要装反即可，如图 1 - 21 所示。

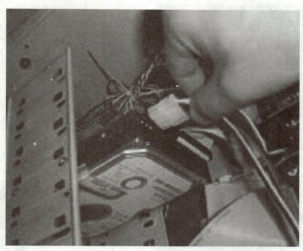

图 1 - 21　安装硬盘电源线

（4）连接光驱电源线和数据线。光驱数据线一般采用的都是 IDE 接口的设计，在连接时只需注意针与孔相对应，就可轻松插入，如图 1 - 22 所示。

（5）连接主板上的机箱电源、重启按钮、硬盘指示灯、开机信号线、前置报警喇叭接口，如图 1 - 23 所示。

9. 整理机箱内部数据线

（1）先将机箱内部连线理顺。

（2）用可以弯曲折叠的塑料线将它们捆绑起来。

（3）将电源多余的电源线放在一起，用塑料线捆绑起来，如图 1 - 24（a）所示。

（4）如果有 CD 音频线，最好不要将它与电源线捆在一起，避免产生干扰。CD 音频线最好单个固定在某个地方，而且尽量避免靠近电源线。

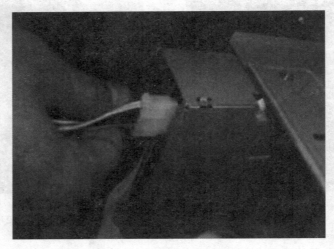

图 1-22　连接光驱电源线

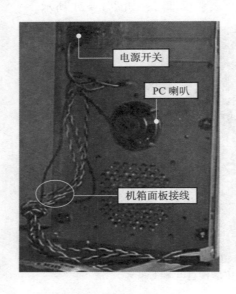

电源开关

PC 喇叭

机箱面板接线

图 1-23　机箱与主板间连线　　　　　　　　安装机箱内所有的线缆

（5）多余的线缆折叠后置于硬盘上即可，如图 1-24（b）所示。

经过一番整理后机箱内部整洁多了，这样做不仅有利于散热，而且方便日后各配件的添加或拆卸工作，整理机箱的连线还可以提高系统的稳定性。

装机箱盖时要仔细检查各部件的连接情况，确保无误后把主机的机箱盖盖上，上好螺丝，主机就安装完成了。

温馨提示：理论上在安装完主机后，就可以盖上机箱盖了，但为了后面加电自检测试主机，最好先不加盖，等测试成功后再盖。

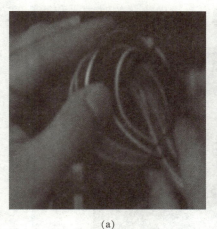

(a)   (b)

图 1 – 24   整理机箱内部数据线

（a）整理电源线；（b）整理连线

（三）连接计算机外设

安装完主机后还要把键盘、鼠标、显示器和音箱等外设同主机连接起来，具体操作步骤如下：

（1）将键盘插头接到主机的 PS/2 插孔上，注意接键盘的 PS/2 插孔是靠向主机箱边缘的那一个插孔，如图 1 – 25 所示。

（2）将鼠标插头接到主机的 PS/2 插孔中，鼠标的 PS/2 插孔紧靠在键盘插孔旁边，如图 1 – 26 所示。

图 1 – 25   连接键盘   图 1 – 26   连接鼠标

温馨提示：键盘、鼠标如果具有 USB 接口，可以直接插在计算机的 USB 口上。USB 接口的优点是数据传输率较高，能够满足键盘、鼠标在刷新率和分辨率方面的要求，而且支持热插拔。

（3）连接显示器的数据线，数据线的接法也有方向，接的时候要和插孔的方向保持一致，如图1－27所示。

图1－27　连接显示器数据线

（4）连接显示器的电源线，如图1－28所示，根据显示器的不同有的将电源连接到主板电源上，有的则直接连接到电源插座上。

（5）连接主机的电源线，如图1－29所示。

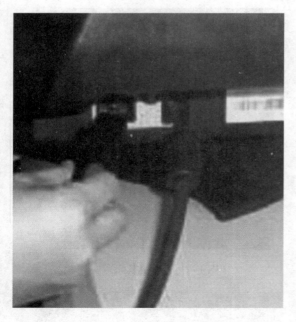

图1－28　连接显示器电源线

图1－29　连接主机电源线

（6）音箱的连接，该连接有两种情况，通常有源音箱接在 LOUT 口上，无源音箱则接在 SPK 口上。

（7）开机测试。将显示器和主机的电源插头插入电源插座中，接通电源并按下主机上的电源开关按钮。正常启动计算机后，可以听到 CPU 风扇和电源风扇转动的声音，同时还会发出"嘀"的一声，显示器的屏幕上出现计算机开机自检画面，表示计算机主机已组装成功，如图 1-30 所示。

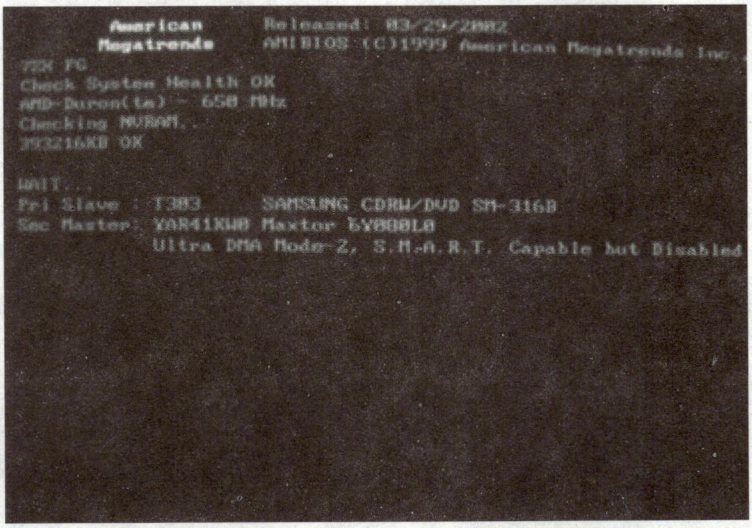

图 1-30　开机测试

（8）如果计算机未正常运行，则需要对计算机中的配件安装步骤进行重新检查。

至此，硬件的安装就完成了。但是要使计算机正常运行，还需要进行硬盘的分区和格式化，然后安装操作系统，再安装驱动程序如显卡、声卡等驱动程序。

【任务总结】

本任务通过组装一台计算机，使读者了解计算机中各种硬件的结构特点、掌握计算机的组装过程。组装过程中应根据注意事项规范操作，最好先制定一个组装流程，从而提高组装的速度和效率。

任务二　BIOS 的设置

【任务目标】

本任务通过完成 BIOS（Basic Input Output System，基本输入输出系统）的设置工作，使读者掌握进入 BIOS 设置的方法，了解 BIOS 各项设置的含义，掌握常见 BIOS 设置的方法。

【任务分析】

BIOS 的管理功能在很大程度上决定了主板性能的优越性，首先要了解当前操作的 BIOS

类型，确定进入 BIOS 的方法，了解 BIOS 各项设置的含义，设置常见的 BIOS 选项。

【知识准备】

BIOS 是一组固化到计算机主板的一个 ROM 芯片上的程序，它可从 CMOS 中读写系统设置的具体信息。其主要功能是为计算机提供最底层的、最直接的硬件设置和控制。不同类型主板的 BIOS 基本功能大致相同，略有差异。BIOS 的管理功能主要包括：BIOS 系统设置程序、BIOS 中断服务程序、POST 上电自检程序和 BIOS 系统自启程序。

【任务实施】

1. 进入 BIOS

在计算机自检启动过程中，按特定的热键一般可进入 BIOS 设置程序，下面以 Phoenix BIOS 为例，讲解 BIOS 设置程序的步骤：

（1）依次打开显示器和主机电源启动计算机，计算机开始进行 POST 自检。

（2）按下 "Delete"（或者 "Del"）键不放手直到进入 BIOS（基本输入输出系统）设置界面，如图 1–31 所示。

```
                    PhoenixBIOS Setup Utility
   Main    Advanced    Security    Boot    Exit

                                              Item Specific Help
      System Time:          [08:00:10]
      System Date:          [01/15/2015]
                                              <Tab>, <Shift-Tab>, or
      Legacy Diskette A:    [Disabled]        <Enter> selects field.
      Legacy Diskette B:    [Disabled]

    ▶ Primary Master       [None]
    ▶ Primary Slave        [None]
    ▶ Secondary Master     [None]
    ▶ Secondary Slave      [None]

    ▶ Keyboard Features

      System Memory:        640 KB
      Extended Memory:      1047552 KB
      Boot-time Diagnostic Screen:  [Disabled]


   F1  Help    ↑↓  Select Item   -/+    Change Values    F9   Setup Defaults
   Esc Exit    ↔   Select Menu    Enter Select ▶ Sub-Menu F10  Save and Exit
```

图 1–31　Phoenix BIOS 主界面

> **温馨提示** 1：在计算机启动时，按键的时机一定要把握正确，如果来不及在自检过程中进入 BIOS 设置画面，可以补按组合键 "Ctrl" ＋ "Alt" ＋ "Del" 或按下机箱上的 "Reset" 按钮，重新启动再次进入自检过程，然后按相应的键进入 BIOS 设置程序。

温馨提示2：不同类型的 BIOS，其进入设置程序的按键也不一样：

（1）Phoenix - Award BIOS：按"Del"键进入 BIOS，屏幕有提示。

（2）Award BIOS：按"Ctrl" + "Alt" + "Esc"、"Del"或"Esc"键进入 BIOS，屏幕有提示。

（3）AMI BIOS：按"Del"或"Esc"键进入 BIOS，屏幕有提示。

（4）COMPAQ BIOS：屏幕右上角出现光标时按"F10"键进入 BIOS，屏幕无提示。

（5）AST BIOS：按"Ctrl" + "Alt" + "Esc"键进入 BIOS，屏幕无提示。

2. BIOS 功能设置

目前主流的 BIOS 包括 Award BIOS、AMI BIOS、Phoenix BIOS。这三种 BIOS 虽然界面存在着很大的差异，但是功能类似。下面以 Phoenix BIOS 为例讲解 BIOS 参数的设置过程。AMI BIOS 和 Award BIOS 的设置方法虽然与 Phoenix BIOS 有些不同，但基本思路是一样的，读者可对比学习。

1）Phoenix BIOS 功能概览

图1-31 是 Phoenix BIOS 设置的主界面，最上面一行标出了 Setup 程序的类型是 Phoenix BIOS。主界面共有 5 个菜单，含义如表1-1所示。默认显示的是 Main 菜单的内容，每个菜单包含若干个子项目，子项目前面有三角形箭头的表示该项包含子菜单。

表1-1 Phoenix BIOS 设置主界面的菜单项

项目	功能
Main（主要设置）	设定日期、时间、软硬盘、键盘等内容
Advanced（高级设置）	对系统的高级特性进行设定
Security（安全设置）	对系统的安全特性进行设定
Boot（启动设置）	对系统的启动进行设定
Exit（退出设置）	对系统的退出进行设定

2）Phoenix BIOS 设置的操作方法

在 BIOS 设置过程中主要是通过 4 个箭头键来切换不同的设置内容，各设置键及功能如表1-2所示。

表1-2 Phoenix BIOS 设置的操作方法

操作	功能
按"↑↓"	选择需要操作的项目
按"← →"	选择需要操作的菜单
按"-/+"键	减少或增加数值，也可改变选择项
按"Enter"键	选定选项，有子菜单的进入子菜单
按"Esc"键	从子菜单回到上一级菜单或者跳到退出菜单
按"Page Up"键	选择当前界面的第一项

续表

操作	功能
按"Page Down"键	选择当前界面的最后一项
按"F1"键	主题帮助，仅在状态显示菜单和选择设定菜单有效
按"F9"键	设置默认值
按"F10"键	保存并退出

温馨提示：进入 BIOS 程序后，如果看见的 BIOS 程序界面为蓝底白字的，一般都是 Award 的 BIOS 程序，而 BIOS 程序界面为灰底蓝字的，一般都是 AMI 的 BIOS 程序。

3. Main（主要设置）

Main 菜单的主要项目功能如表 1−3 所示。

表 1−3   Main（主要设置）

项目	说明
System Time（系统时间）	设置系统时间，格式为 HH：MM：SS
System Date（系统日期）	设置系统日期，格式为 MM/DD/YY
Primary Master（第一通道主硬盘）	按下"Enter"键会出现下级功能界面，会显示相关信息，可设置第一通道主硬盘
Primary Slave（第一通道从硬盘）	按下"Enter"键会出现下级功能界面，会显示相关信息，可设置第一通道从硬盘
Secondary Master（第二通道主硬盘）	按下"Enter"键会出现下级功能界面，会显示相关信息，可设置第二通道主硬盘
Secondary Slave（第二通道从硬盘）	按下"Enter"键会出现下级功能界面，会显示相关信息，可设置第二通道从硬盘
Keyboard Features（键盘功能）	按下"Enter"键会出现下级功能界面，可设置键盘功能
System Memory（系统内存）	显示系统内存的大小
Extended Memory（扩展内存）	显示扩展内存的大小
Boot−time Diagnostic Screen（引导时诊断界面）	在启动时显示诊断画面

下面介绍一些 Main 菜单的常用设置。

1）设置系统日期和时间

（1）在图 1−31 所示的 Main 菜单中，用方向键移动光标到"System Time"选项。

（2）设置选项的先后顺序是时、分、秒，其中"时"用 00～23 表示。按"Enter"键可在时、分、秒上切换，按"+""−"或数字键可更改时间值。

（3）用方向键把光标移动到"System Date"选项，设置选项的先后顺序是月、日、年。按"Enter"键可在月、日、年上切换，按"+""−"或数字键可更改日期值。

（4）按"F10"键，执行"Save and Exit"功能，弹出"Setup Confirmation"对话框，询问操作者是否保存修改的设置并退出。"Yes"表示保存，"No"表示不保存，默认选项是"Yes"。如果操作者不想保存，可以按"→"键选择"No"，最后按"Enter"键，如图1-32所示。

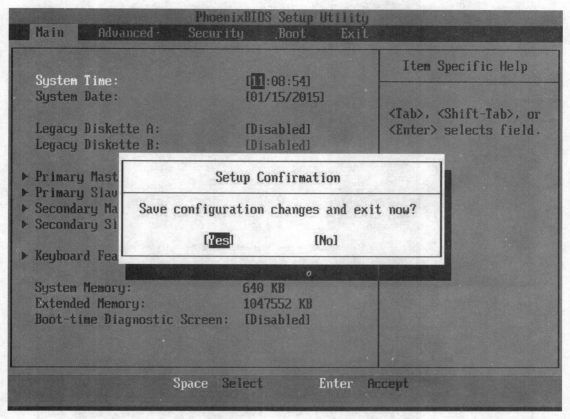

图1-32 保存日期和时间设置

2）设置禁止软驱显示

现在的计算机基本不再使用软驱，通过 BIOS 可以设置禁止软驱显示。

（1）在图1-31所示的 Main 菜单中，用方向键移动光标到"Legacy Diskette A"选项。

（2）按"+"或"-"键，调整到"Disabled"选项，如图1-33所示。

（3）按"F10"键，执行保存并退出。这样进入 Windows 7 的"计算机"窗口就看不见软盘图标了。

3）设置"Primary Master"项

（1）在图1-31所示的 Main 菜单中，用方向键移动光标到"Primary Master"（第一通道主硬盘）选项，如图1-34所示。

（2）按"Enter"键进入下级子菜单，按"+"或"-"键，将类型"Type"调整到所需选项，在界面右侧的"Item Specific Help"中有不同类型的说明。本例调整为"Auto"选项，如图1-35所示。

```
                    PhoenixBIOS Setup Utility
  Main   Advanced   Security    Boot    Exit

                                                  ┌─────────────────────────┐
                                                  │   Item Specific Help    │
     System Time:              [13:31:00]         ├─────────────────────────┤
     System Date:              [01/15/2015]       │
                                                  │ Selects floppy type.
     Legacy Diskette A:        [Disabled]         │ Note that 1.25 MB 3?"
     Legacy Diskette B:        [Disabled]         │ references a 1024 byte/
                                                  │ sector Japanese media
   ▶ Primary Master            [None]             │ format.  The 1.25 MB,
   ▶ Primary Slave             [None]             │ 3?" diskette requires
   ▶ Secondary Master          [None]             │ a 3-Mode floppy-disk
   ▶ Secondary Slave           [None]             │ drive.
                                                  │
   ▶ Keyboard Features                            │
                                                  │
     System Memory:            640 KB             │
     Extended Memory:          1047552 KB         │
     Boot-time Diagnostic Screen: [Disabled]      │

  F1  Help    ↑↓  Select Item  -/+   Change Values    F9   Setup Defaults
  Esc Exit    ↔   Select Menu   Enter  Select ▶ Sub-Menu  F10  Save and Exit
```

图 1 – 33   "Legacy Diskette A" 设置

```
                    PhoenixBIOS Setup Utility
  Main   Advanced   Security    Boot    Exit

                                                  ┌─────────────────────────┐
                                                  │   Item Specific Help    │
     System Time:              [14:19:55]         ├─────────────────────────┤
     System Date:              [01/15/2015]       │
                                                  │
     Legacy Diskette A:        [Disabled]         │
     Legacy Diskette B:        [Disabled]         │
                                                  │
   ▶ Primary Master            [None]             │
   ▶ Primary Slave             [None]             │
   ▶ Secondary Master          [None]             │
   ▶ Secondary Slave           [None]             │
                                                  │
   ▶ Keyboard Features                            │
                                                  │
     System Memory:            640 KB             │
     Extended Memory:          1047552 KB         │
     Boot-time Diagnostic Screen: [Disabled]      │

  F1  Help    ↑↓  Select Item  -/+   Change Values    F9   Setup Defaults
  Esc Exit    ↔   Select Menu   Enter  Select ▶ Sub-Menu  F10  Save and Exit
```

图 1 – 34   "Primary Master" 设置

```
                    PhoenixBIOS Setup Utility
 Main

┌─────────────────────────────────────────┬──────────────────────────┐
│     Primary Master    [None]             │    Item Specific Help    │
│                                          │                          │
│                                          │ User = you enter         │
│  Type:                      [Auto]       │ parameters of hard-disk  │
│  Device:                    Primary Master│ drive installed at this  │
│                                          │ connection.              │
│                                          │ Auto = autotypes         │
│  Multi-Sector Transfers:    [Disabled]   │ hard-disk drive          │
│  LBA Mode Control:          [Disabled]   │ installed here.          │
│  32 Bit I/O:                [Disabled]   │ 1-39 = you select        │
│  Transfer Mode:             [Standard]   │ pre-determined  type of  │
│  Ultra DMA Mode:            [Disabled]   │ hard-disk drive          │
│                                          │ installed here.          │
│                                          │ CD-ROM = a CD-ROM drive  │
│                                          │ is installed here.       │
│                                          │ ATAPI Removable =        │
│                                          │ removable disk drive is  │
│                                          │ installed here.          │
├──────────────────────────────────────────┴─────────────────────────┤
│ F1   Help    ↑↓  Select Item   -/+   Change Values    F9   Setup Defaults│
│ Esc  Exit    ←→  Select Menu    Enter Select ▶ Sub-Menu  F10  Save and Exit│
└─────────────────────────────────────────────────────────────────────┘
```

图 1 –35 "Type"设置为"Auto"

（3）按"F10"键，执行保存并退出。

4. Advanced（高级设置）

Advanced 菜单主要项目功能如表 1 –4 所示，界面如图 1 –36 所示。下面将介绍具体的设置方法。

表 1 –4 Advanced（高级设置）

项目	功能
Multiprocessor Specification（多处理器规格）	设置多处理器规格
Installed O/S（安装的 O/S）	设置此选项中的系统种类可实现对相应旧版本系统的支持
Reset Configuration Data（复位配置数据）	设置复位配置数据
Cache Memory（高速缓冲存储器）	设置高速缓冲存储器
I/O Device Configuration（I/O 设备配置）	设置输入输出设备配置
Large Disk Access Mode（大磁盘访问模式）	设置大磁盘访问模式
Local Bus IDE adapter（局部总线 IDE 适配器）	有 Disabled、Primary、Secondary、Both 四个值可供设置
Advanced Chipset Control（高级芯片组控制）	设定主板芯片组的相关参数

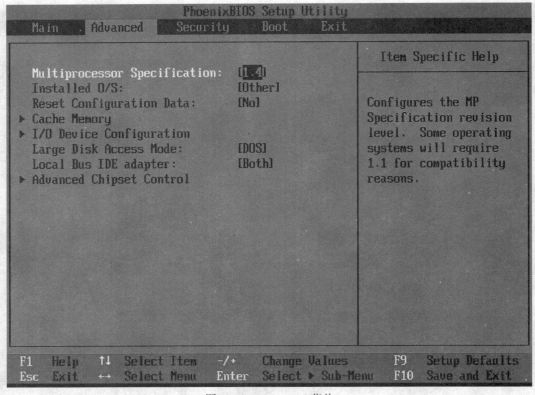

图 1 – 36 Advanced 菜单

1）设置"Cache Memory"项

（1）在图 1 – 36 所示的 Advanced 菜单中，用方向键移动光标到"Cache Memory"（高速缓冲存储器）选项。

（2）按"Enter"键，进入"Cache Memory"设置界面，用方向键移动光标到"Memory Cache"选项。该选项有两个值：Enabled，开启记忆体快取功能；Disabled，关闭记忆体快取功能。按"＋"或"－"键，调整到"Enabled"选项，如图 1 – 37 所示。

2）设置"I/O Device Configuration"项

（1）按"Esc"键回到上级 Advanced 界面，用方向键移动光标到"I/O Device Configuration"（I/O 设备配置）选项，如图 1 – 38 所示。

（2）按"Enter"键，进入"I/O Device Configuration"设置界面，如图 1 – 39 所示。"Serial port A"／"Serial port B"：串行口，也就是常说的 COM 口设置，有三个值：Auto（自动）、Disabled（关闭）和 Enabled（开启）。"Mode"：串口模式，红外线接口按照速率分为 IRDA（115 200 bps）、ASK – IR（1.15 Mbps）和 FAST IR（4 Mbps），默认为"Normal"。"Parallel port"：并行端口设置，有三个值：Auto（自动）、Disabled（关闭）和 Enabled（开启）。"Mode"：并口模式，主要有如下几种：Bi – directional，双向支持；ECP，即 Extended Capability Port，扩展功能并口；EPP，即 Enhanced Parallel Port，增强型高速并口；SPP，即 Standard Parallel Port，标准并口。"Floppy disk controller"：软盘控制器，有三个值：Auto（自动）、Disabled（关闭）和 Enabled（开启）。本例中各项设置采用默认值。

```
                    PhoenixBIOS Setup Utility
        Advanced

┌──────────────────────────────────────┬─────────────────────────┐
│             Cache Memory              │   Item Specific Help    │
│                                       │                         │
│  Memory Cache:            [Enabled]   │  Sets the state of the  │
│  Cache System BIOS area:  [Write Protect]│  memory cache.        │
│  Cache Video BIOS area    [Write Protect]│                      │
│  Cache Base 0-512k:       [Write Back]│                         │
│  Cache Base 512k-640k:    [Write Back]│                         │
│  Cache Extended Memory Area: [Write Back]│                      │
│  Cache A000 - AFFF:       [Disabled]  │                         │
│  Cache B000 - BFFF:       [Disabled]  │                         │
│  Cache C800 - CBFF:       [Disabled]  │                         │
│  Cache CC00 - CFFF:       [Disabled]  │                         │
│  Cache D000 - D3FF:       [Disabled]  │                         │
│  Cache D400 - D7FF:       [Disabled]  │                         │
│  Cache D800 - DBFF:       [Disabled]  │                         │
│  Cache DC00 - DFFF:       [Disabled]  │                         │
│  Cache E000 - E3FF:       [Disabled]  │                         │
│                                       │                         │
├──────────────────────────────────────┴─────────────────────────┤
│ F1   Help   ↑↓  Select Item  -/+  Change Values  F9  Setup Defaults│
│ Esc  Exit   ←→  Select Menu  Enter Select ▶ Sub-Menu F10 Save and Exit│
└─────────────────────────────────────────────────────────────────┘
```

图 1 - 37 "Memory Cache" 设置

```
                    PhoenixBIOS Setup Utility
   Main    Advanced    Security    Boot    Exit

┌──────────────────────────────────────┬─────────────────────────┐
│                                       │   Item Specific Help    │
│  Multiprocessor Specification: [1.4]  │                         │
│  Installed O/S:           [Other]     │                         │
│  Reset Configuration Data: [No]       │  Peripheral             │
│ ▶ Cache Memory                        │  Configuration          │
│ ▶ I/O Device Configuration            │                         │
│  Large Disk Access Mode:  [DOS]       │                         │
│  Local Bus IDE adapter:   [Both]      │                         │
│ ▶ Advanced Chipset Control            │                         │
│                                       │                         │
│                                       │                         │
│                                       │                         │
│                                       │                         │
│                                       │                         │
├──────────────────────────────────────┴─────────────────────────┤
│ F1   Help   ↑↓  Select Item  -/+  Change Values  F9  Setup Defaults│
│ Esc  Exit   ←→  Select Menu  Enter Select ▶ Sub-Menu F10 Save and Exit│
└─────────────────────────────────────────────────────────────────┘
```

图 1 - 38 选择 "I/O Device Configuration" 选项

```
                    PhoenixBIOS Setup Utility
  ┌─────────┐
  │ Advanced│
  └─────────┘

  ┌──────────────────────────────────────┬────────────────────────┐
  │      I/O Device Configuration         │   Item Specific Help   │
  │                                       │                        │
  │  Serial port A:        [Auto]         │  Configure serial port A│
  │  Serial port B:        [Auto]         │  using options:        │
  │    Mode:               [Normal]       │                        │
  │  Parallel port:        [Auto]         │  [Disabled]            │
  │    Mode:               [Bi-directional]│   No configuration     │
  │  Floppy disk controller: [Enabled]    │                        │
  │                                       │  [Enabled]             │
  │                                       │   User configuration   │
  │                                       │                        │
  │                                       │  [Auto]                │
  │                                       │   BIOS or OS chooses   │
  │                                       │   configuration        │
  │                                       │                        │
  │                                       │  (OS Controlled)       │
  │                                       │   Displayed when       │
  │                                       │   controlled by OS     │
  ├──────────────────────────────────────┴────────────────────────┤
  │  F1  Help   ↑↓  Select Item   -/+   Change Values   F9  Setup Defaults│
  │  Esc Exit   ↔   Select Menu   Enter Select ▶ Sub-Menu F10 Save and Exit│
  └────────────────────────────────────────────────────────────────┘
```

图 1 - 39   "I/O Device Configuration" 设置

3）设置 "Advanced Chipset Control" 项

（1）按 "Esc" 键回到上级 Advanced 界面, 用方向键移动光标到 "Advanced Chipset Control"（高级芯片组控制）选项, 如图 1 - 40 所示。

（2）按 "Enter" 键, 进入 "Advanced Chipset Control" 设置界面, 如图 1 - 41 所示。"Enable memory gap": 启用内存缺口, 可以通过此选项选择关闭系统 RAM 以释放地址空间。有三个值: Disabled（关闭）、Conventional（常规的）和 Extended（扩展的）。"ECC Config": 全称 Error Checking and Correction Config, 错误检测和修正配置, 是一种用于 Nand 的差错检测和修正算法。该项可选择是否使用 ECC, 默认为 "Disabled"。"SERR signal condition": 指定需要限制为 ECC 错误的情况, 有四个值: Single bit（单一位）、Multiple bit（多个位）、Both（两个）和 None（无）。本例中各项设置采用默认值。

5. Security（安全设置）

Security 菜单主要项目功能如表 1 - 5 所示, 界面如图 1 - 42 所示。下面将介绍具体的设置方法。

1）设置 "Set Supervisor Password" / "Set User Password" 项

（1）在图 1 - 42 所示的 Security 菜单中, 用方向键移动光标到 "Set Supervisor Password"（设置管理员密码）选项。

```
                    PhoenixBIOS Setup Utility
  Main    Advanced    Security    Boot    Exit

                                                    ┌─────────────────────┐
                                                    │  Item Specific Help │
   Multiprocessor Specification:   [1.4]            │                     │
   Installed O/S:                  [Other]          │                     │
   Reset Configuration Data:       [No]             │                     │
 ▶ Cache Memory                                     │                     │
 ▶ I/O Device Configuration                         │                     │
   Large Disk Access Mode:         [DOS]            │                     │
   Local Bus IDE adapter:          [Both]           │                     │
 ▶ Advanced Chipset Control                         │                     │
                                                    │                     │
                                                    │                     │
                                                    │                     │
                                                    │                     │
                                                    │                     │
                                                    │                     │
                                                    │                     │
                                                    │                     │
                                                    └─────────────────────┘

  F1   Help    ↑↓  Select Item    -/+   Change Values    F9   Setup Defaults
  Esc  Exit    ↔   Select Menu   Enter  Select ▶ Sub-Menu F10  Save and Exit
```

图 1-40　选择 "Advanced Chipset Control" 选项

```
                    PhoenixBIOS Setup Utility
          Advanced

        Advanced Chipset Control                    ┌─────────────────────┐
                                                    │  Item Specific Help │
                                                    │                     │
   Enable memory gap:     [Disabled]                │ If enabled, turn system│
   ECC Config:            [Disabled]                │ RAM off to free address│
   SERR signal condition  [Multiple bit]            │ space for use with an │
                                                    │ option card. Either a │
                                                    │ 128KB conventional    │
                                                    │ memory gap, starting at│
                                                    │ 512KB, or a 1MB       │
                                                    │ extended memory gap,  │
                                                    │ starting at 15MB, will│
                                                    │ be created in system  │
                                                    │ RAM.                  │
                                                    │                     │
                                                    │                     │
                                                    │                     │
                                                    └─────────────────────┘

  F1   Help    ↑↓  Select Item    -/+   Change Values    F9   Setup Defaults
  Esc  Exit    ↔   Select Menu   Enter  Select ▶ Sub-Menu F10  Save and Exit
```

图 1-41　"Advanced Chipset Control" 设置

表1-5　Security（安全设置）

项目	功能
Supervisor Password Is（管理员密码状态）	显示管理员密码状态，有两个值：Set，已设置密码；Clear，未设置密码（此值系统自动调整）
User Password Is（用户密码状态）	显示用户密码状态，有两个值：Set，已设置密码；Clear，未设置密码（此值系统自动调整）
Set User Password（设置用户密码）	设置用户密码
Set Supervisor Password（设置管理员密码）	设置管理员密码
Password on boot（口令开机）	设置开机口令

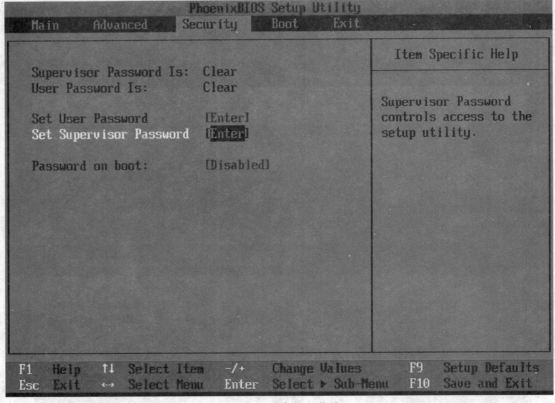

图1-42　Security菜单

（2）按"Enter"键，弹出密码输入对话框，在"Enter New Password"文本框中输入密码（比如：123456），按"Enter"键进入"Confirm New Password"文本框，再次输入密码进行确认，如图1-43所示。

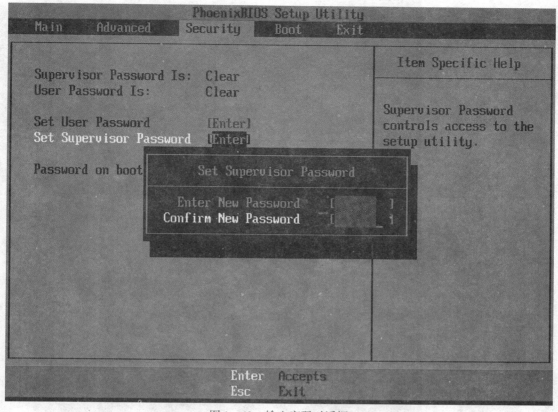

图 1 –43　输入密码对话框

（3）按"Enter"键，弹出信息提示"Setup Notice Changes have been saved. ［Continue]"（设置通知更改已被保存。［继续]），如图 1 –44 所示。再次按"Enter"键，密码设置完成，观察"Supervisor Password Is"由"Clear"变成了"Set"。可用同样的方法设置"Set User Password"项。

（4）按"F10"键保存并退出，重新进入 BIOS，弹出密码输入对话框，如图 1 –45 所示。在"Enter Password"文本框中输入密码，如果密码错误，弹出无效密码信息提示，如图 1 –46 所示。按"Enter"键，重新输入正确的密码才能进入 BIOS，密码可以是 User Password（用户密码），也可以是 Supervisor Password（管理员密码），本例输入管理员密码进入 BIOS。

> 温馨提示：用 User Password 进入 BIOS 不能修改 Supervisor Password，也不能设置"Password on boot"项，用 Supervisor Password 进入 BIOS 可以执行这些操作。

2）设置开机口令

（1）用方向键移动光标到 Security 菜单中的"Password on boot"（开机口令）选项，按"+"或"–"键，调整到"Enabled"选项，如图 1 –47 所示。

（2）按"F10"键保存并退出，在进入 Windows 7 操作系统之前，弹出密码输入对话框，如图 1 –48 所示。输入正确的用户密码或管理员密码才能进入系统。

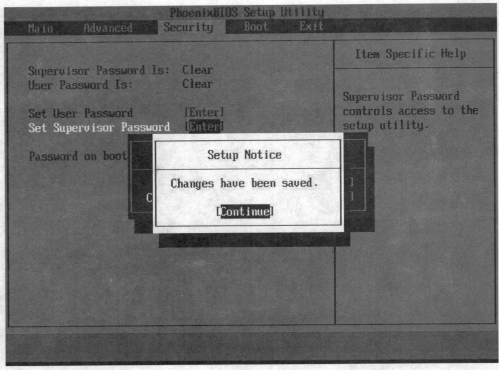

图1-44 信息提示

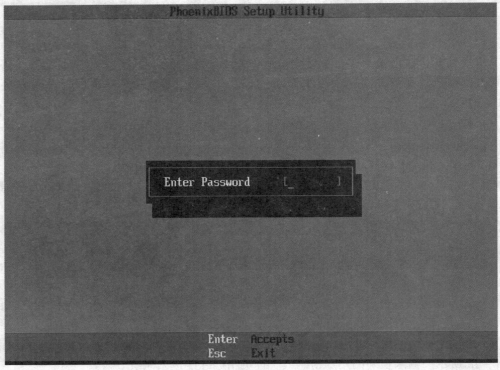

图1-45 输入密码对话框

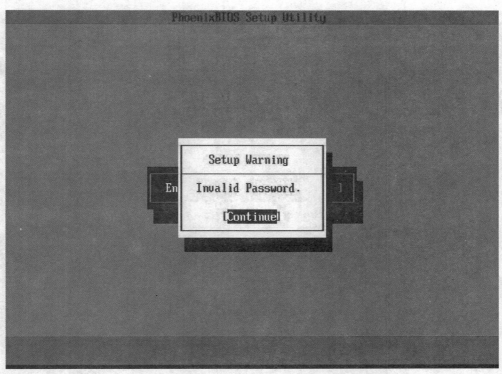

图 1 - 46　无效密码信息提示

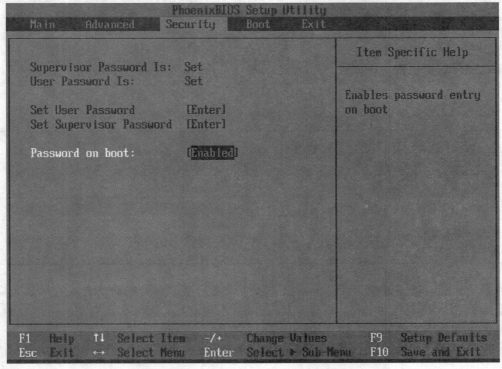

图 1 - 47　"Password on boot" 设置

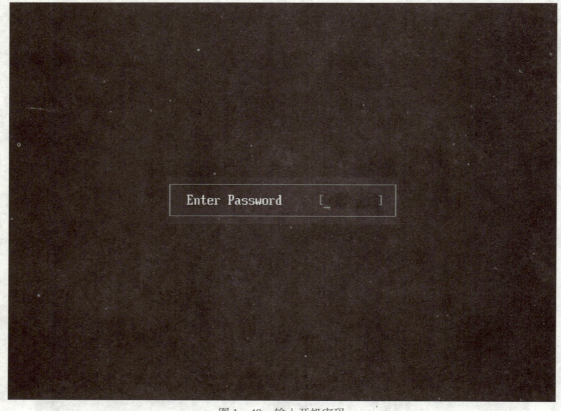

图 1 – 48　输入开机密码

6. Boot（启动设置）

Boot 菜单主要项目功能如表 1 – 6 所示，界面如图 1 – 49 所示。下面将介绍具体的设置方法。

表 1 – 6　Boot（启动设置）

项目	功能
Removable Devices（可移动设备）	设置可移动设备引导
CD – ROM Drive（光盘驱动）	设置光盘驱动引导
Hard Drive（硬盘驱动）	设置硬盘驱动引导
Network boot from Intel E1000（从英特尔 E1000 网络启动）	设置从英特尔 E1000 网络启动引导

在计算机启动时，需要为计算机指定从哪个设备启动。常见的启动方式有从硬盘启动、从光盘启动和从 U 盘启动。安装操作系统时，就要指定从光盘或 U 盘启动，下面介绍从光盘启动的方法。

（1）在图 1 – 49 所示的 Boot 菜单中，用方向键移动光标到 "CD – ROM Drive" 选项，如图 1 – 50 所示。

PhoenixBIOS Setup Utility

Main   Advanced   Security   Boot   Exit

```
  +Removable Devices                              Item Specific Help
   CD-ROM Drive
  +Hard Drive                            Keys used to view or
   Network boot from Intel E1000         configure devices:
                                         <Enter> expands or
                                         collapses devices with
                                         a + or -
                                         <Ctrl+Enter> expands
                                         all
                                         <+> and <-> moves the
                                         device up or down.
                                         <n> May move removable
                                         device between Hard
                                         Disk or Removable Disk
                                         <d> Remove a device
                                         that is not installed.
```

F1   Help   ↑↓ Select Item   -/+   Change Values   F9   Setup Defaults
Esc Exit   ↔   Select Menu   Enter Select ▶ Sub-Menu F10 Save and Exit

图1-49   Boot 菜单

PhoenixBIOS Setup Utility

Main   Advanced   Security   Boot   Exit

```
  +Removable Devices                              Item Specific Help
   CD-ROM Drive
  +Hard Drive                            Keys used to view or
   Network boot from Intel E1000         configure devices:
                                         <Enter> expands or
                                         collapses devices with
                                         a + or -
                                         <Ctrl+Enter> expands
                                         all
                                         <+> and <-> moves the
                                         device up or down.
                                         <n> May move removable
                                         device between Hard
                                         Disk or Removable Disk
                                         <d> Remove a device
                                         that is not installed.
```

F1   Help   ↑↓ Select Item   -/+   Change Values   F9   Setup Defaults
Esc Exit   ↔   Select Menu   Enter Select ▶ Sub-Menu F10 Save and Exit

图1-50   设置"CD-ROM Drive"为第一启动设备

（2）按"F10"键，执行保存并退出。

温馨提示：安装操作系统前，一般将第一启动设备设置为光盘驱动器，将第二启动设备设置为硬盘驱动器。当需要从光盘启动时，把光盘放入光驱，安装完操作系统后，可将光盘取出。当光驱中没有启动光盘时，系统会自动寻找第二启动设备即硬盘驱动器，找到后从硬盘启动进入操作系统。

7. Exit（退出设置）

Exit 菜单主要项目功能如表 1 – 7 所示，界面如图 1 – 51 所示。下面将介绍具体的设置方法。

表 1 – 7　Exit（退出设置）

项目	功能
Exit Saving Changes（退出并保存更改）	保存更改后退出
Exit Discarding Changes（退出并放弃更改）	不保存更改退出
Load Setup Defaults（加载设置默认值）	恢复出厂设置
Discard Changes（放弃更改）	放弃所有操作恢复至上一次的 BIOS 设置
Save Changes（保存更改）	保存但不退出

```
                    PhoenixBIOS Setup Utility
   Main      Advanced      Security      Boot      Exit

                                                 Item Specific Help

   Exit Saving Changes
   Exit Discarding Changes
   Load Setup Defaults                           Exit System Setup and
   Discard Changes                               save your changes to
   Save Changes                                  CMOS.




   F1   Help    ↑↓  Select Item   -/+   Change Values    F9   Setup Defaults
   Esc  Exit    ↔   Select Menu   Enter Execute Command  F10  Save and Exit
```

图 1 – 51　Exit 菜单

若对 BIOS 设置不正确，而使计算机无法正常运行时，需要将 BIOS 恢复到默认设置，设置方法如下。

（1）在图 1－51 所示的 Exit 菜单中，用方向键移动光标到 "Load Setup Defaults" 选项，如图 1－52 所示。

```
                    PhoenixBIOS Setup Utility
   Main    Advanced    Security    Boot    Exit

                                              Item Specific Help

   Exit Saving Changes
   Exit Discarding Changes
   Load Setup Defaults                       Load default values
   Discard Changes                           for all SETUP items.
   Save Changes




   F1    Help     ↑↓  Select Item   -/+   Change Values     F9   Setup Defaults
   Esc   Exit     ↔   Select Menu    Enter Execute Command   F10  Save and Exit
```

图 1－52　"Load Setup Defaults" 设置

（2）按 "F10" 键保存设置并退出。

BIOS 设置操作

【任务总结】

本任务通过对 BIOS 进行设置，使读者了解 BIOS 各项设置的含义，掌握常用 BIOS 选项的设置方法。注意安装操作系统前后，第一启动设备设置略有不同，若 BIOS 设置不正确，而使计算机无法正常运行，又忘了原来的设置值时，可将 BIOS 恢复到默认设置。

任务三　Windows 7 操作系统的安装

【任务目标】

本任务通过安装 Windows 7 操作系统，使读者了解 Windows 7 操作系统的安装环境、掌握 Windows 7 操作系统的安装方法。

【任务分析】

（1）了解 Windows 7 操作系统的安装环境。
（2）设置 BIOS 光盘启动安装程序。
（3）对磁盘分区。
（4）安装 Windows 7 操作系统。
（5）完成设置。

【知识准备】

Windows 7 是微软公司推出的计算机操作系统，供个人、家庭及商业使用，一般安装于笔记本电脑、平板电脑、多媒体中心等。Windows 7 操作系统的安装环境主要包括以下几点：

（1）CPU：1 GHz 及以上（32 位或 64 位处理器）。
（2）内存：32 位，1 GB 以上；64 位，2 GB 以上。
（3）硬盘：32 位，16 GB 以上可用空间；64 位，20 GB 以上可用空间。
（4）显卡：有 WDDM1.0 或更高版驱动的显卡 64 MB 以上；128 MB 为打开 Aero 的最低配置。
（5）光驱：CD – ROM 或者 DVD 驱动器。

【任务实施】

以 DELL 计算机安装 Windows 7 旗舰版为例，介绍 Windows 7 操作系统的安装过程如下。

（1）将 Windows 7 操作系统光盘插入光驱，开启计算机电源，在自检画面时，按 "F12" 键，在弹出的选择启动菜单中，选择 CD/DVD 启动选项，按回车。计算机将开始读取光盘数据，引导启动，显示 "Windows is loading files..."，如图 1 – 53 所示。

（2）Windows 加载文件过程大约需要 1 分钟时间，弹出 "安装 Windows" 对话框，选择 "要安装的语言" "时间和货币格式" "键盘和输入方法" 的版本，默认为 "中文（简体）"，单击 "下一步" 按钮，如图 1 – 54 所示。

（3）弹出的对话框如图 1 – 55 所示，单击 "现在安装" 按钮。注意，左下角有 "修复计算机" 的选项，这个选项在操作系统出现故障时，如系统文件丢失等，可以通过该选项修复。

图 1-53 光盘启动

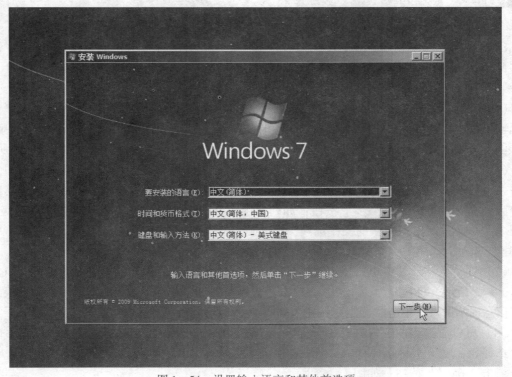

图 1-54 设置输入语言和其他首选项

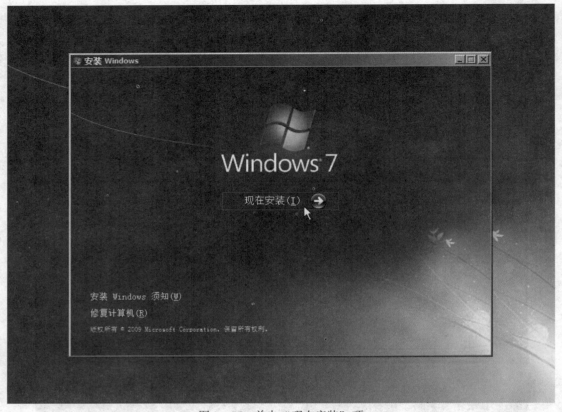

图 1 –55　单击"现在安装"项

（4）进入"安装程序正在启动"过程，如图 1 – 56 所示。显示"请阅读许可条款"，阅读"MICROSOFT 软件许可条款"后，如同意则选中"我接受许可条款"复选框，单击"下一步"按钮，如图 1 – 57 所示。

（5）选择安装类型，Windows 7 提供了两种安装类型：升级和自定义（高级）。升级：升级到较新版本的 Windows 并保留文件、设置和程序。自定义（高级）：安装 Windows 的新副本。此选项不会保留文件、设置和程序。这里，本例选择"自定义（高级）"项，如图 1 – 58 所示。

（6）出现"您想将 Windows 安装在何处？"界面，此处可以看到计算机的硬盘空间，包括每一个分区，目的是选择安装操作系统的盘符。本例磁盘空间为 60 GB，如不划分其他逻辑分区，则直接单击"下一步"按钮；如划分逻辑分区，单击图中"驱动器选项（高级）"，如图 1 – 59 所示。出现更多的操作选项，如"刷新""删除""格式化""新建"等，单击"新建"选项，如图 1 – 60 所示。

（7）在"大小"文本框中显示"61440"，单位为"MB"（即当前整个磁盘空间 60 GB），如图 1 – 61 所示，将其改为"30720"，单击"应用"按钮，如图 1 – 62 所示。弹出创建额外分区的信息提示窗口，单击"确定"按钮，如图 1 – 63 所示。

（8）可以看到当前窗口共有 3 个分区，"磁盘 0 分区 1"为"系统保留"，我们不做设置，选择"磁盘 0 分区 2"，单击"格式化"选项，如图 1 – 64 所示。弹出格式化警告对话框，单击"确定"按钮，如图 1 – 65 所示。

图 1-56 安装程序正在启动

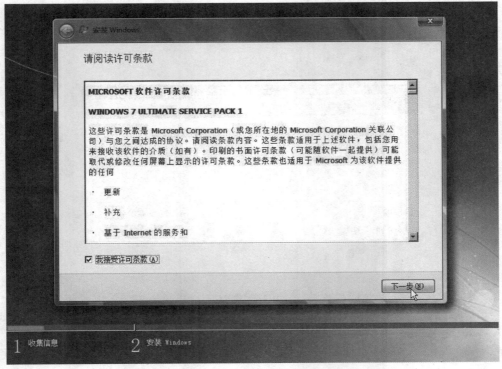

图 1-57 Microsoft 软件许可条款

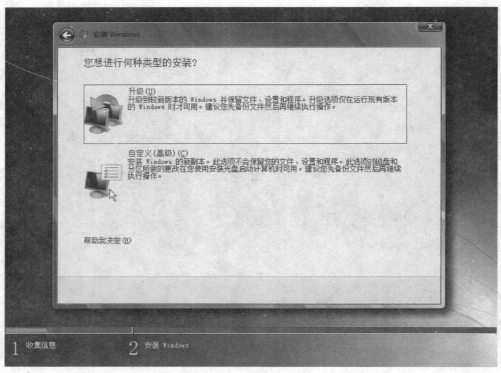

图 1-58　选择安装的类型

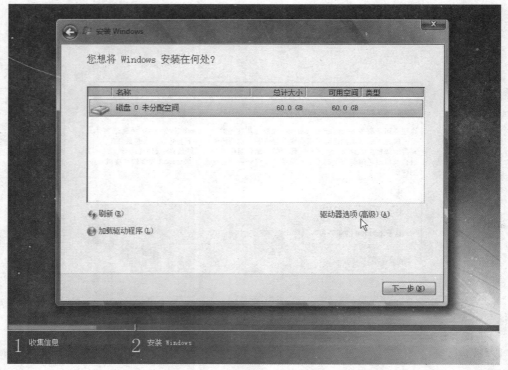

图 1-59　单击"驱动器选项（高级）"选项

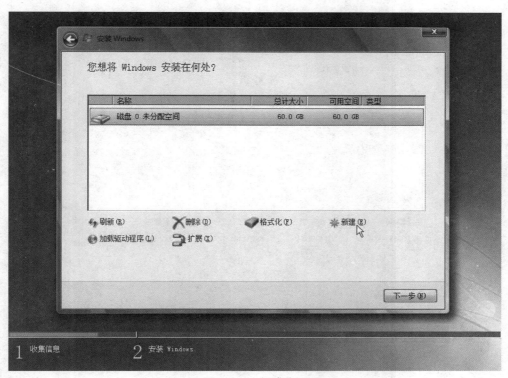

图 1 – 60 新建分区

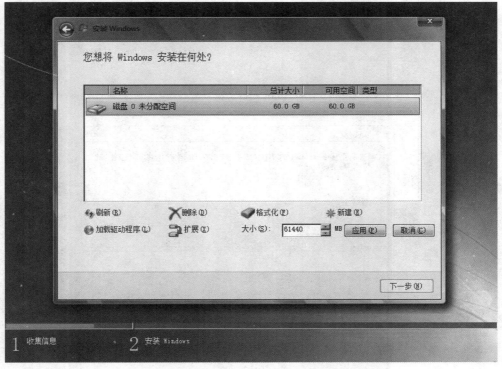

图 1 – 61 初始分区大小

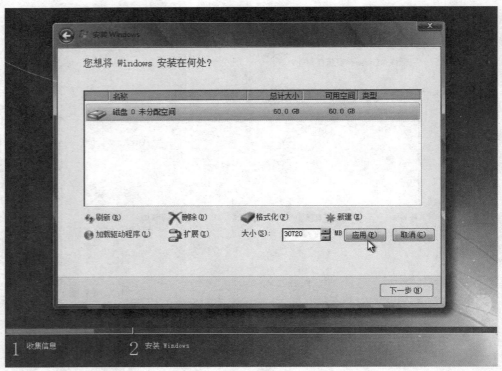

图 1-62 设置分区大小

图 1-63 系统创建额外分区的信息提示窗口

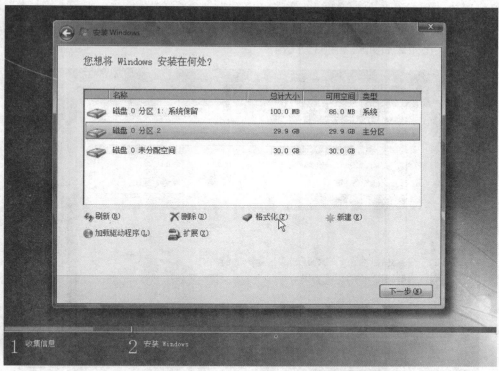

图1-64　设置"磁盘0分区2"

图1-65　格式化警告对话框

（9）选择"磁盘0未分配空间"，单击"新建"选项，如图1-66所示。"大小"文本框中显示"30719"，不做更改直接单击"应用"按钮，如图1-67所示。同样对其进行格式化处理，格式化完成后如图1-68所示。

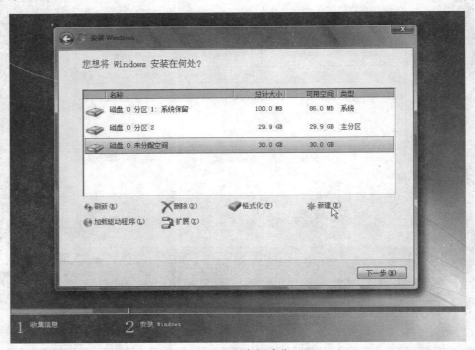

图1-66　再次新建分区

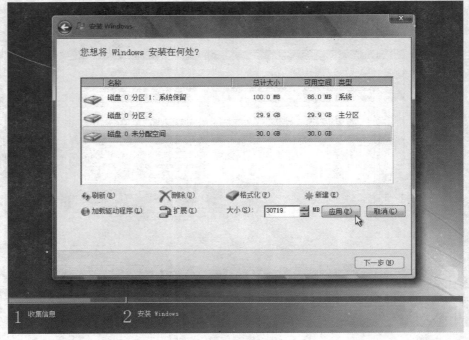

图1-67　设置分区大小

图 1-68　设置分区完成

（10）选择"磁盘 0 分区 2"安装操作系统，单击"下一步"按钮，如图 1-69 所示。

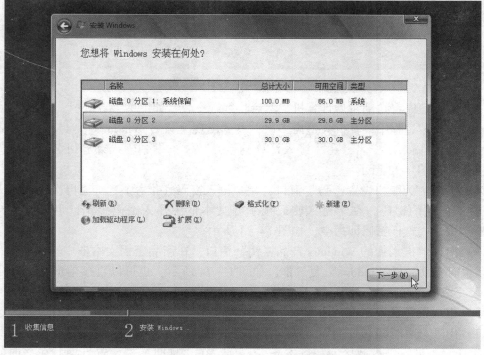

图 1-69　选择安装操作系统的分区

温馨提示：这里我们也可以先划分出用于安装操作系统的主分区，将扩展分区划分为逻辑分区的操作可以待操作系统安装完成后，使用 Windows 7 的磁盘管理功能来实现。

（11）出现 Windows 自动安装窗口，进入 Windows 自动安装过程，如图 1－70 所示。

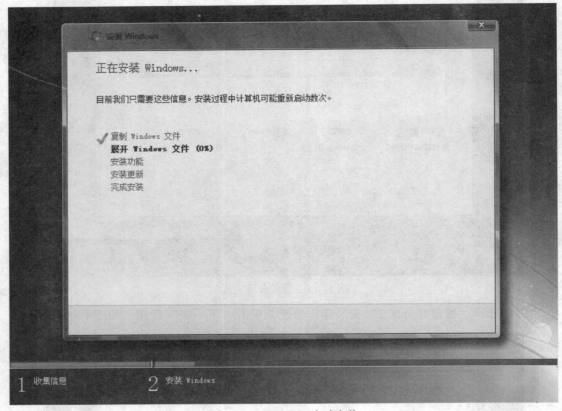

图 1－70　Windows 自动安装

（12）安装程序将自动重启计算机，然后将继续安装，如图 1－71 所示。

（13）在安装过程中计算机会重启多次，直到出现"设置 Windows"窗口，在"键入用户名"文本框中输入用户名，在"键入计算机名称"文本框中输入计算机名，单击"下一步"按钮，如图 1－72 所示。

（14）出现"为账户设置密码"窗口，在"键入密码（推荐）"和"再次键入密码"文本框中输入相同的密码，在"键入密码提示"文本框中输入密码提示，也可以直接单击"下一步"按钮，这样密码即为空，如图 1－73 所示。

（15）出现"键入您的 Windows 产品密钥"窗口，在产品密钥文本框中输入密钥，选中"当我联机时自动激活 Windows"复选框，如图 1－74 所示，也可以直接单击"下一步"按钮，安装完成后再激活 Windows。

（16）出现更新设置窗口，选择"使用推荐设置"项，如图 1－75 所示。

（17）出现查看时间和日期设置窗口，在"时区"下拉列表中选择"（UTC＋08：00）北京，重庆，香港特别行政区，乌鲁木齐"选项，在"日期"栏设置日期，在"时间"文本框中设置时间，单击"下一步"按钮，如图 1－76 所示。

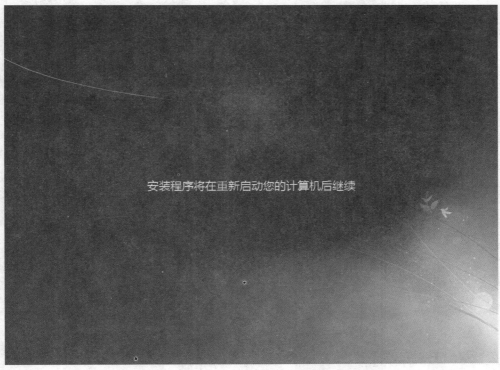

图 1 – 71　准备重启计算机

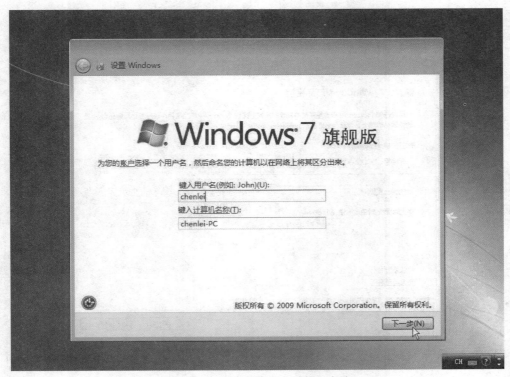

图 1 – 72　输入用户名和计算机名称

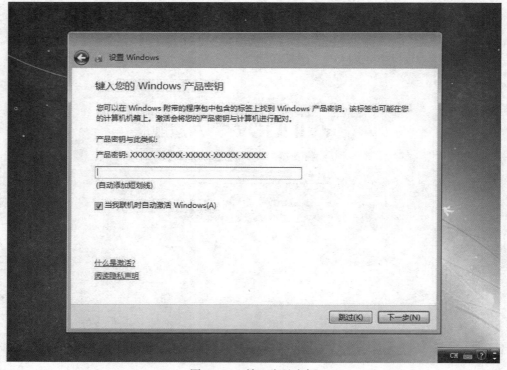

图 1 – 73　为账户设置密码

图 1 – 74　输入产品密钥

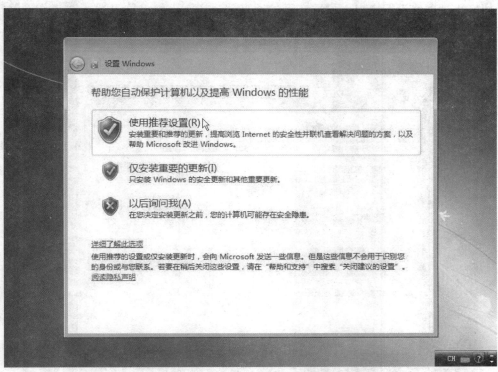

图 1 - 75　选择更新设置级别

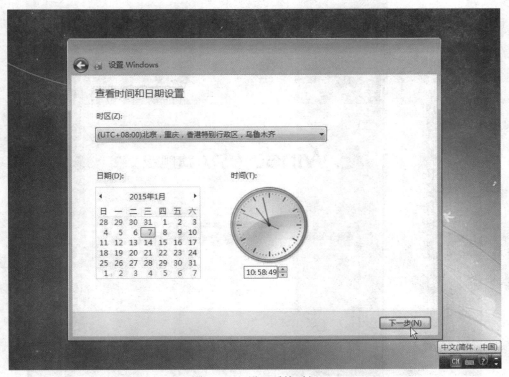

图 1 - 76　设置系统时间

（18）出现网络设置窗口，根据实际的地点选择所需网络，这里选择"工作网络"，如图 1-77 所示。

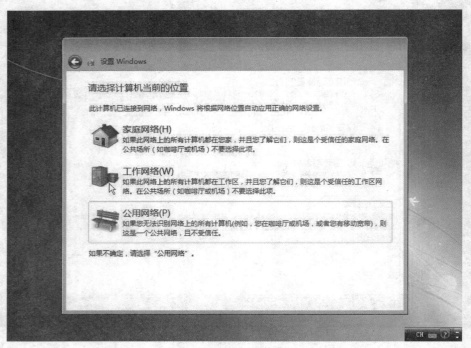

图 1-77　选择网络位置

（19）出现"Windows 正在完成您的设置"界面，如图 1-78 所示。

图 1-78　"Windows 正在完成您的设置"界面

（20）然后出现"正在准备桌面"界面，如图1-79所示。

图1-79　"正在准备桌面"界面

（21）尔后出现"个性化设置"界面，如图1-80所示。

图1-80　"个性化设置"界面

（22）最后出现 Windows 7 桌面，系统安装完成，如图 1 - 81 所示。

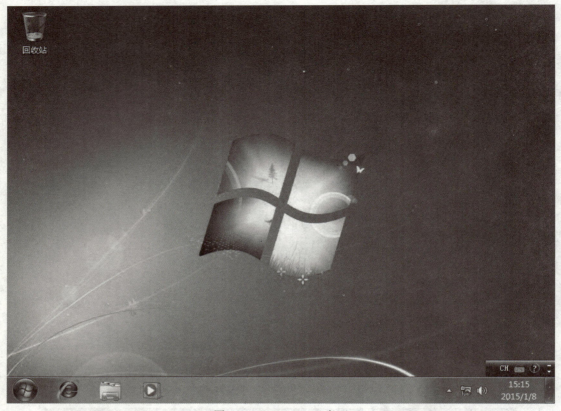

图 1 - 81　Windows 7 桌面

【任务总结】

一般来说，对系统进行升级安装要比进行全新安装方便很多，特别是不必重新进行参数设置，不必重新安装应用系统程序等。但是如果有以下情况，应该进行全新安装：

（1）硬盘是全新的，没有安装操作系统。

（2）操作系统没有升级到 Windows 7 的能力。

（3）不需要保留现有数据、应用程序和参数设置。

（4）硬盘有两个以上容量足够大的分区，希望创建双重启动配置，安装完 Windows 7 后保留原来的 Windows 操作系统。

任务四　输入法与打字练习软件的使用

【任务目标】

本任务要求完成输入法的添加、安装与删除以及指法的练习。在整个任务过程中，期望读者在操作技能方面能够掌握以下几点：

（1）学会输入法的添加、安装与删除的方法。

（2）学会正确的指法与键盘操作姿势。

【任务分析】

通过键盘向计算机输入信息，是计算机最常用的操作，只有熟悉键盘上每个键的位置和功能，使用最适合自己的输入法，才能提高输入速度和准确性，本任务要掌握：

（1）添加、安装与删除输入法。

（2）键盘结构。

（3）操作计算机的正确姿势。

（4）金山打字通的使用。

【知识准备】

右击任务栏上的输入法图标，在弹出的快捷菜单中选择"设置"命令，弹出"文本服务和输入语言"对话框，可实现添加、安装与删除输入法的操作。了解键盘结构和指法练习的正确姿势。

【任务实施】

（一）添加、安装与删除输入法

1. 添加输入法

将 Windows 7 自带的输入法添加到计算机的具体操作步骤如下：

（1）在语言栏上右击，弹出如图 1-82 所示的快捷菜单，选择"设置"命令。

（2）弹出"文本服务和输入语言"对话框，单击"添加"按钮，如图 1-83 所示。

（3）弹出如图 1-84 所示的"添加输入语言"对话框，在"使用下面的复选框选择要添加的语言"下拉列表中找到"中文（简体，中国）"，选中下面的"简体中文全拼（版本 6.0）"复选框，单击"确定"按钮。

（4）回到"文本服务和输入语言"对话框，单击"确定"按钮，完成添加操作。

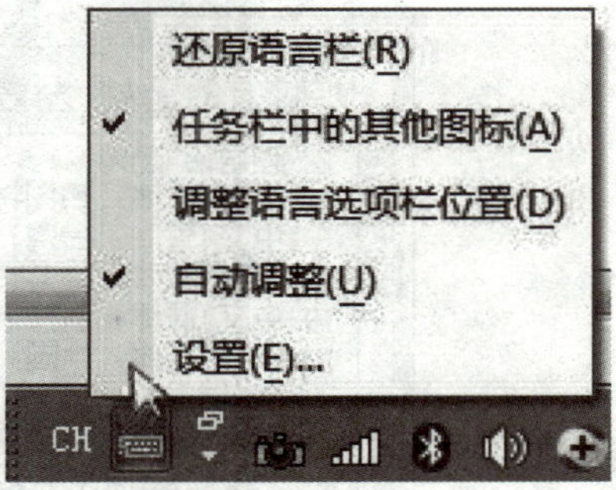

2. 安装输入法

如果需要安装的输入法并不是 Windows 7 自带的输入法，则需要下载或购买该输入法软件后再进行安装。安装搜狗输入法的操作步骤如下：

（1）进入"http://pinyin. sogou. com"网站，下载如图 1-85 所示的搜狗输入法安装文件。

（2）单击"立即下载"按钮，弹出如图 1-86 所示的询问运行或保存的对话框，单击"运行"按钮。

图 1-82　选择"设置"命令

图 1 – 83　"文本服务和输入语言"对话框

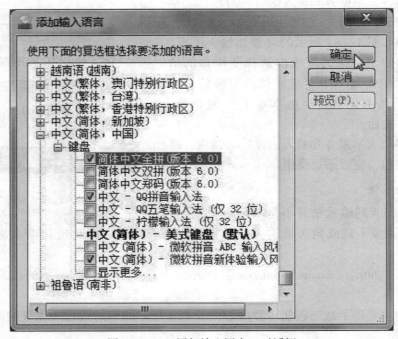

图 1 – 84　"添加输入语言"对话框

图 1 – 85　上网搜索"搜狗输入法"

图 1 – 86　"运行"或"保存"文件对话框

（3）弹出搜狗拼音输入法安装向导，单击"立即安装"按钮，如图 1 – 87 所示。

图 1 – 87　"安装向导"对话框

（4）进入"正在安装"过程，弹出如图 1 – 88 所示安装对话框。

图 1 – 88　"正在安装"对话框

(5) 进度条安装结束后弹出如图 1 – 89 所示的 "安装完成" 对话框，选中需要的复选框设置，单击 "完成" 按钮。

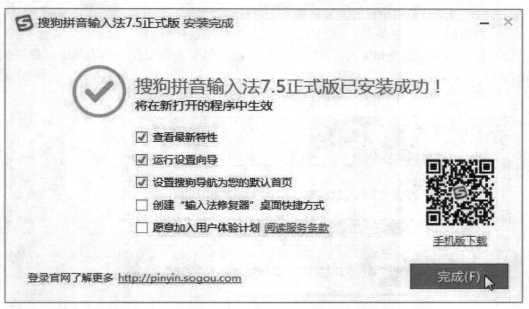

图 1 – 89　"安装完成" 对话框

(6) 弹出 "个性化设置向导" 对话框，按照提示进行个性化设置，如图 1 – 90 所示。

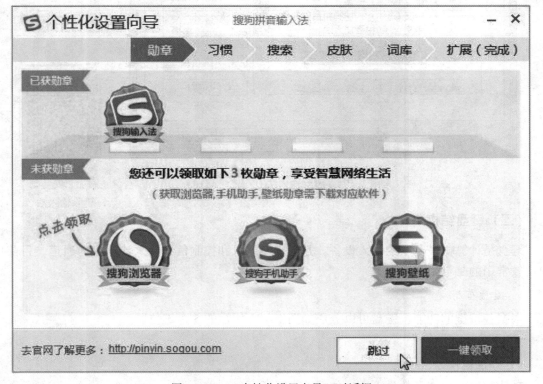

图 1 – 90　"个性化设置向导" 对话框

（7）个性化设置完成后，单击"完成"按钮，即可完成输入法的安装。

3. 删除输入法

用户也可以对计算机中已经安装的输入法进行删除操作，其具体的操作步骤如下：

（1）右击语言栏，在如图1-82所示的快捷菜单中选择"设置"命令。

（2）弹出"文本服务和输入语言"对话框，在"已安装的服务"列表框中选择要删除的输入法，然后单击"删除"按钮，如图1-91所示。

（3）单击"确定"按钮完成删除操作。

图1-91 删除输入法

添加、安装与
删除输入法

（二）键盘结构

键盘是计算机最基本的输入设备，是把文字信息和控制信息输入计算机的通道，目前用户比较常用的是104键键盘。

1. 键盘布局

根据各按键的功能，键盘可以分成如图1-92所示的5个键位区。

2. 键盘介绍

1）功能键区

功能键区位于键盘的最上方，如图1-93所示。其中：

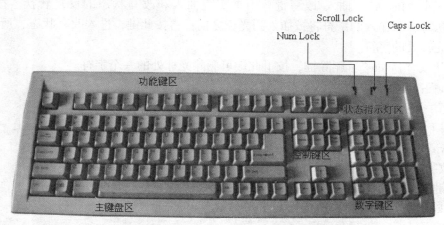

图 1 – 92　键盘布局

图 1 – 93　功能键区

"Esc"：常用于取消已执行的命令或取消输入的字符，在部分应用程序中具有退出的功能；

"F1"～"F12"：其作用在不同的软件中有所不同，其中"F1"键常用于获取软件的使用帮助信息；

"PrtSc SysRq"：屏幕截图键，可对整个屏幕进行截图；

"Scroll Lock"：滚屏锁定键；

"Pause Break"：暂停键/停止键。

2）主键盘区

主键盘区位于键盘的左部，包括字母键、数字键、标点符号键、特殊控制键、Windows键、快捷菜单键等，如图 1 – 94 所示。

图 1 – 94　主键盘区

3）控制键区

控制键区一般位于键盘的右侧，主要用于在输入文字时控制插入光标的位置。

"Ins"或"Insert"：插入/改写键，用来实现插入和改写状态的反复转换。按下此键，进入插入状态，所输入的字符将被插入到光标之前；再按此键，进入改写状态，所输入的字符将覆盖光标处的字符。

"Del"或"Delete"：删除键，按下此键可删除光标处的一个字符。

"Home"：起始键，此键可使光标移动到行首或当前页开头。

"End"：终点键，此键可使光标移动到行尾或当前页末尾。

"Page Up"／"Page Down"：翻页键，按下"Page Up"键，使光标移动到上一页，按下"Page Down"键，使光标移动到下一页。

4）数字键区

数字键区又称为小键盘区，主要功能是快速输入数字，一般由右手控制输入，主要包括"Num Lock"键、数字键、"Enter"键和符号键。

温馨提示：数字键盘的基准键位是"4、5、6"键，其中数字5上面有个凸起的小横杠或者小圆点，盲打时可以通过它找到基准键位。

5）状态指示灯区

状态指示灯区有3个指示灯，如图1－92所示，主要用于提示键盘的工作状态。其中：

"Num Lock"灯亮时表示可以使用小键盘区输入数字。

"Scroll Lock"灯亮时表示屏幕被锁定。

"Caps Lock"灯亮时表示按字母键时输入的是大写字母。

温馨提示：对于经常接触大量数据的用户，使用数字键盘可以大大地提高数据的录入速度。大多数键盘的"Num Lock"处于打开状态，当"Num Lock"处于关闭状态时，数字键盘将启用光标控制功能。

（三）操作键盘的正确姿势

正确的指法及键盘操作的正确姿势是非常重要的，操作姿势与指法直接影响录入速度，所以人们在初学的时候就应该掌握正确的操作姿势和指法，一定要重视。否则一旦养成不良习惯，再纠正就困难了。

1. 正确姿势

（1）两脚平放，腰部挺直，两臂自然下垂，两肘贴于腋边，桌椅的高度以双手平放桌上为准，如图1－95所示。

（2）身体可以略微地倾斜，离键盘的距离为20～30厘米。

（3）将显示器调整到适当的位置，将视线投注在显示器上，不要常常查看键盘，避免视线的一往一返增加眼睛的疲劳。

（4）打字时参看的资料或者文稿应该放在键盘的左边，或者用专用夹把其夹在显示器旁边。

（5）开始打字时，要将视线专注于文稿或显示器上，身体要保持放松。

温馨提示：练习打字时，要注意工作环境，光线不要过亮或过暗，避免光线直接照射在荧光屏上而产生视觉干扰；室内要保持通风凉爽，以使有害气体尽快排出。

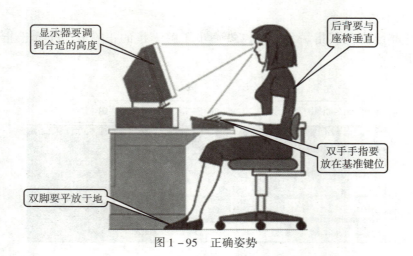

图 1-95 正确姿势

2. 手指分工

操作键盘时双手的十个手指有其正确的分工。只有按照正确的手指分工操作才能提高录入速度和正确率。

1) 认识基准键位

打字键区是最常用的键区，通过它可以实现各种文字和控制信息的录入。在打字键区的正中央有 9 个基准键位，即 "A" "S" "D" "F" 键、"J" "K" "L" ";" 键和 "空格键"。

> **温馨提示**：键盘中的 "F" "J" 两个键位上都有一个凸出的小横杠，以便于盲打时手指能通过触觉定位。

2) 基准键位正确指法

开始打字前，左手食指、中指、无名指和小指分别轻放在 "F" "D" "S" "A" 键上，右手食指、中指、无名指和小指分别轻放在 "J" "K" "L" ";" 键上，双手大拇指则轻放在空格键上，如图 1-96 所示。

图 1-96 基准键位正确指法

3）正确的手指分工

掌握了基准键位及其指法，就可以进一步了解十指的正确分工了。十指具体分工如图1－97所示。

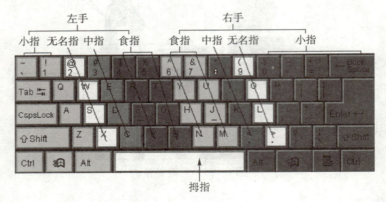

图1－97　正确的手指分工

4）正确的击键方法

（1）击键前将双手轻放于基准键位上，双手大拇指轻放于空格键位上。

（2）击键时，手指略微抬起并保持弯曲，以指头快速击键。

（3）敲键盘时，只有击键手指才做动作，其他手指放在基准键位不动。

（4）手指击键要轻，瞬间发力，提起要快，击键完毕后手指要立刻回到基准键位上，准备下一次击键。

温馨提示：击键时应以指头快速击键，而不要以指尖击键；要用手指"敲"键位，而不是用力按。

（四）金山打字通的使用

金山打字通是金山公司推出的系列教育软件，主要由金山打字通和金山打字游戏两部分构成，是一款功能齐全、数据丰富、界面友好、集打字练习和测试于一体的打字软件。金山打字通软件可在网上自行下载安装，也可通过360安全卫士的"软件管家"搜索，然后"一键安装"。

1. 金山打字通的启动

（1）单击"开始"菜单→"所有程序"→"金山打字通"→"金山打字通"命令，如图1－98所示，打开"金山打字通"窗口，如图1－99所示。

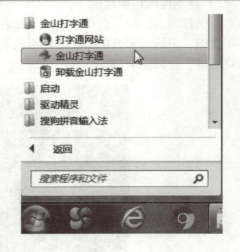

图1－98　启动"金山打字通"

温馨提示：如果桌面上有"金山打字通"的快捷图标，可以通过双击此快捷图标打开金山打字通窗口。

图 1 – 99　"金山打字通"界面

(2) 单击窗口右上方的"登录"按钮，弹出"登录"对话框，如图 1 – 100 所示。

图 1 – 100　"登录"对话框

（3）在"创建一个昵称"下方的文本框中设置昵称名为"user1"，如图 1 – 101 所示，单击"下一步"按钮。

图 1 – 101　"创建昵称"对话框

（4）弹出"绑定 QQ"对话框，绑定后，可以保存打字记录、漫游打字成绩、查看全球排名，如图 1 – 102 所示。可以先不绑定 QQ，单击右上角的"×"按钮，只要昵称创建好，就可以执行其他大部分操作，以后想绑定时再绑定；也可以单击"绑定"按钮，按照后续提示向导，进行绑定操作。本例暂不绑定 QQ，单击"×"按钮，关闭"登录"对话框。

（5）回到图 1 – 99 所示界面，可以看到界面右上方的"登录"按钮显示"user1"，单击"user1"下拉按钮，显示"user1"的相关信息和操作，如图 1 – 103 所示。

2. 新手练习

（1）在如图 1 – 99 所示的"金山打字通"界面单击"新手入门"选项，弹出选择练习模式对话框，单击"关卡模式"选项，如图 1 – 104 所示，单击"确定"按钮，回到上级界面。

（2）再次单击"新手入门"选项，进入如图 1 – 105 所示的"新手入门"界面。单击"打字常识"选项，进入如图 1 – 106 所示的"认识键盘"界面。

（3）单击"下一页"按钮，继续学习，直到打字常识学习结束，单击左上角的"返回"按钮，返回"新手入门"界面，依次学习其他选项。

3. 英文打字练习

（1）在如图 1 – 99 所示的"金山打字通"界面中，单击"英文打字"选项，进入如图 1 – 107 所示的"英文打字"界面。

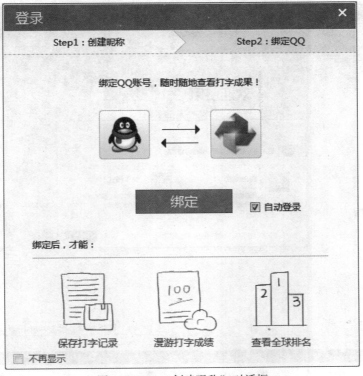

图 1－102 "创建昵称"对话框

图 1－103 "登录"下拉窗口

图 1-104 选择练习模式对话框

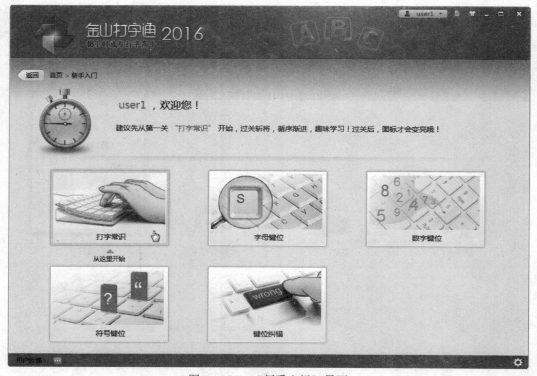

图 1-105 "新手入门"界面

图 1 - 106　"认识键盘"界面

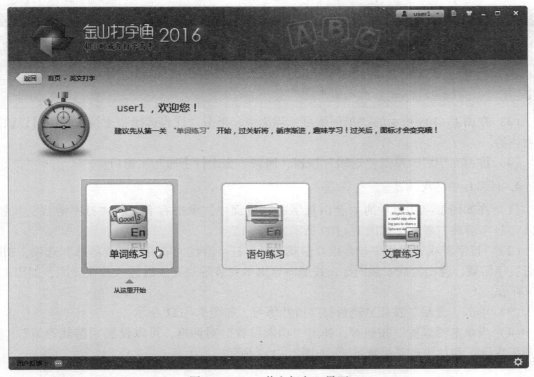

图 1 - 107　"英文打字"界面

（2）选择"单词练习"按钮，进入如图1-108所示的"单词练习"界面进行练习。

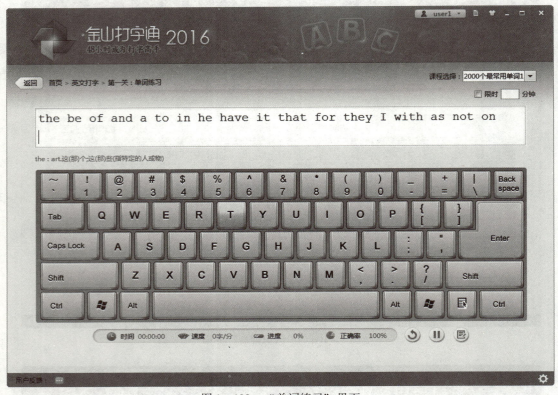

图1-108　"单词练习"界面

温馨提示：单词输入有错误的时候，字母键上会显示错误提示或者显示红色的字体。

（3）在图1-108所示的"单词练习"界面中，单击"课程选择"下拉按钮，可以改变练习内容。

（4）练习完毕后，单击"返回"按钮，回到"金山打字通"主窗口。

4. 利用打字游戏练习

（1）在如图1-99所示的"金山打字通"界面中，单击右下方的"打字游戏"按钮，进入"打字游戏"界面，如图1-109所示。

（2）"打字游戏"界面中包含推荐游戏和经典打字游戏，单击"拯救苹果"选项，初次运行打字游戏，弹出游戏安装向导，按照向导提示安装游戏完成后进入游戏界面，如图1-110所示。

（3）单击"开始"按钮，进行打字游戏练习，如图1-111所示。

（4）当单击"设置"按钮时，弹出"功能设置"对话框，可以设置"游戏等级""过关苹果数量"和"失败苹果数量"，如图1-112所示。

图 1 - 109 "打字游戏"界面

图 1 - 110 "拯救苹果"游戏界面

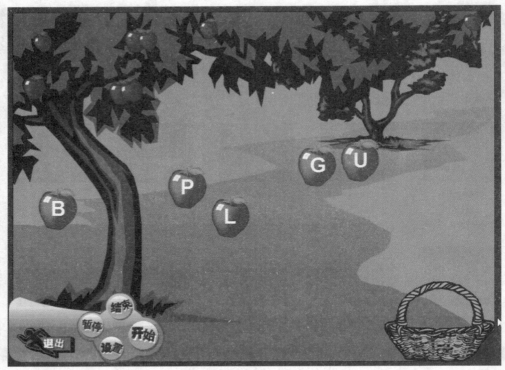

图 1－111　开始打字游戏

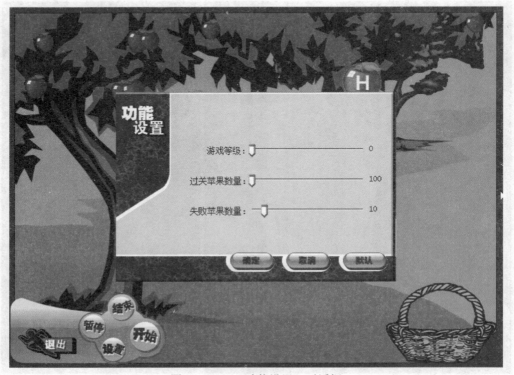

图 1－112　"功能设置"对话框

（5）打字游戏结束后单击"退出"按钮，返回到"打字游戏"窗口。

【任务总结】

本任务通过输入法的添加、安装与删除以及金山打字通的练习，使读者掌握使用输入法的技巧（输入法可只保留自己常用的几种），提高读者的输入速度。

金山打字通的使用

任务五　任务管理器的操作

【任务目标】

本任务要求了解任务管理器的功能，掌握任务管理器的操作。

【任务分析】

（1）了解任务管理器的启动方法。
（2）熟悉任务管理器每个选项卡的内容。
（3）掌握任务管理器的操作方法。

【知识准备】

Windows 7 任务管理器提供了有关计算机性能的信息，并显示了计算机上所运行的程序和进程的详细信息。它的用户界面提供了文件、选项、查看、窗口、帮助五个菜单项，其下还有应用程序、进程、服务、性能、联网、用户六个选项卡，窗口底部则是状态栏，从这里可以查看到当前系统的进程数、CPU 使用率、物理内存等数据，默认设置下系统每隔两秒钟对数据进行一次自动更新，也可以单击"查看"→"更新速度"菜单命令重新设置。

【任务实施】

1. 启动任务管理器

Windows 7 中启动任务管理器有多种方法，下面介绍常见的两种方法。

方法一：在 Windows 7 中使用"Ctrl"＋"Shift"＋"Esc"组合键，启动任务管理器，弹出"Windows 任务管理器"对话框，如图 1 – 113 所示。

方法二：用鼠标右击任务栏空白处，选择"启动任务管理器"命令，如图 1 – 114 所示。

2. 使用"应用程序"选项卡

（1）在"应用程序"选项卡的任务列表中，选择"IE 浏览器"，单击"结束任务"按钮，如图 1 – 115 所示，IE 浏览器被关闭。

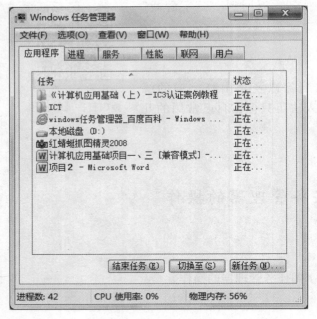

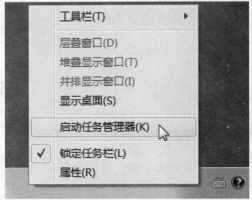

图 1-113　Windows 任务管理器　　　　　　　　　　　图 1-114　启动任务管理器

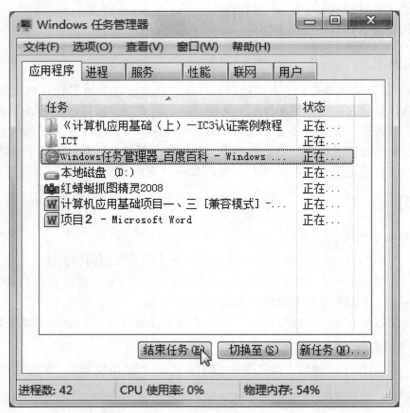

图 1-115　"IE 浏览器"结束任务

（2）在"应用程序"选项卡的任务列表中，选择"本地磁盘（D：）"，如图 1 –116 所示，单击"切换至"按钮，切换至"本地磁盘（D：）"窗口。

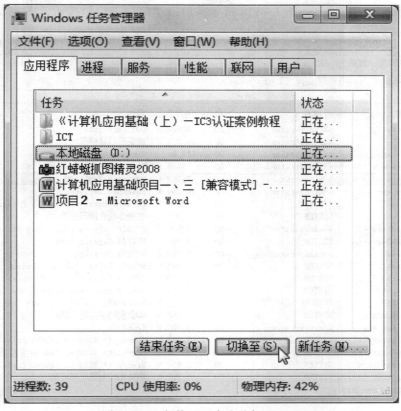

图 1 –116　切换至"本地磁盘（D：）"

（3）在"应用程序"选项卡中，单击"新任务"按钮，弹出"创建新任务"对话框，在"打开"后面的文本框中输入"C：\"，如图 1 –117 所示，单击"确定"按钮，打开 C 盘窗口。

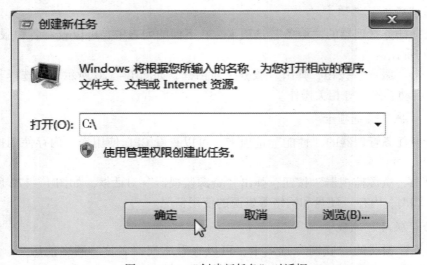

图 1 –117　"创建新任务"对话框

3. 使用"进程"选项卡

先打开 IE 浏览器，再打开任务管理器，选择"进程"选项卡，在下面的列表中，找到并选择"iexplore. exe"项，如图 1 – 118 所示，单击"结束进程"按钮，IE 浏览器被关闭。

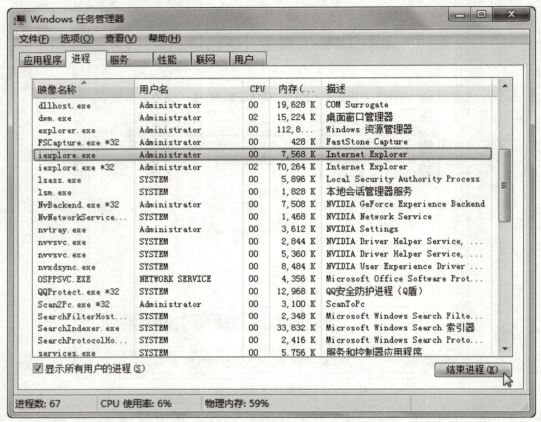

图 1 – 118　"结束进程"对话框

4. 使用"服务"选项卡

（1）选择任务管理器的"服务"选项卡，在下面的列表中，可以查看各种服务的信息，如图 1 – 119 所示。

（2）单击"服务"按钮，弹出"服务"对话框，如图 1 – 120 所示，可选择其中的某一项服务进行启动、停止等相关操作。

5. 使用"性能"选项卡

（1）选择任务管理器的"性能"选项卡，可以查看 CPU 使用率、内存使用情况，如图 1 – 121 所示。

（2）单击"资源监视器"按钮，弹出"资源监视器"对话框，如图 1 – 122 所示，可以详细地查看 CPU、内存、硬盘和网络等资源的使用情况。

6. 使用"联网"选项卡

选择任务管理器的"联网"选项卡，可以查看适配器名称、网络使用率、线路速度、状态等联网信息，如图 1 – 123 所示。

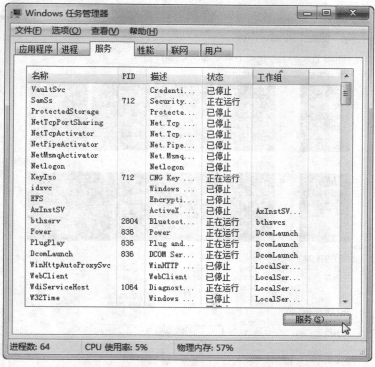

图 1-119 "服务"选项卡

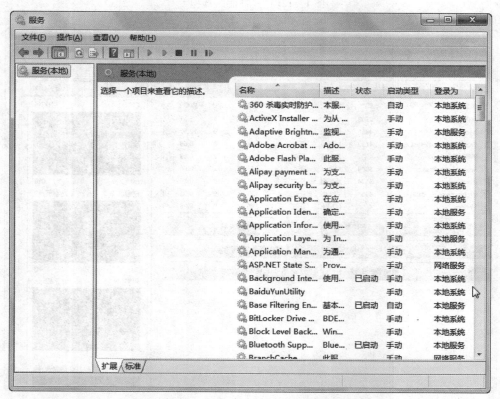

图 1-120 "服务"对话框

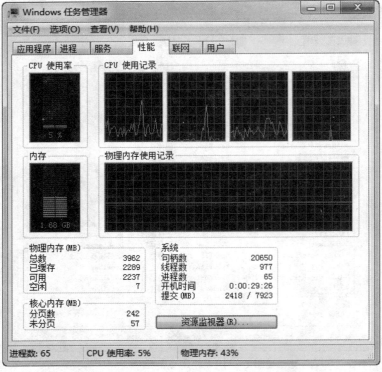

图 1－121　"性能"选项卡

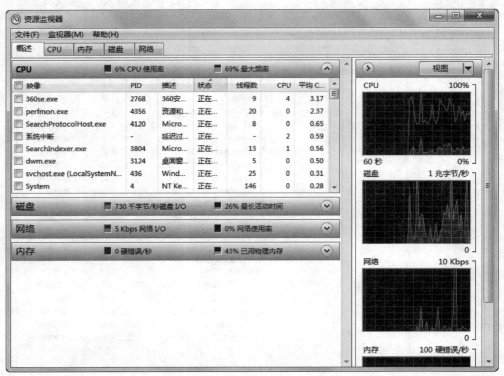

图 1－122　"资源监视器"对话框

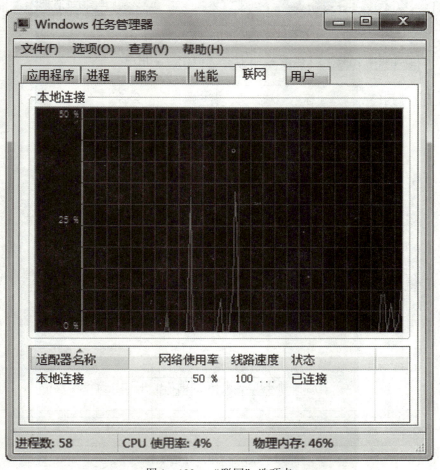

图 1 – 123　　"联网"选项卡

7. 使用"用户"选项卡

选择任务管理器的"用户"选项卡,可以查看计算机用户的相关信息,如图 1 – 124 所示。

任务管理器的操作

【任务总结】

本任务通过操作任务管理器,使读者进一步了解计算机性能、程序和进程的详细信息,如果计算机某程序出现未响应的情况可通过任务管理器结束相关的任务或进程。

图 1 – 124 "用户"选项卡

任务六 打印机的设置

【任务目标】

本任务通过在 Windows 7 系统中，用户对连接到计算机上的打印机进行参数设置。使读者掌握连接到计算机上的外部设备的使用方法。

【任务分析】

打印机是人们工作、生活中经常用到的办公设备，打印机连接到计算机以后，只有进行正确的设置，才能有效地利用打印机进行打印。本任务以 Samsung SCX – 3200 Series 型号打印机为例进行讲解。

（1）将打印机设置为默认打印机。

（2）设置打印首选项。

（3）打印测试页。

（4）查看当前打印状态。

（5）取消打印作业。

（6）设置共享打印机。

（7）设置网络打印机。

【知识准备】

计算机打印机，是接收来自计算机的文本文件或影像，并转换成纸张或胶片等媒介的电子装置。它可以直接连接计算机或通过网络间接连接。它分为撞击式打印机及非撞击式打印机。非撞击式打印机又分为三种：激光打印机，用激光束将炭粉吸附在纸面上；喷墨打印机喷洒液态墨水；热感式打印机，用加热的针在特殊涂布的纸上转印影像。打印机重要的特征包括分辨率（每英寸的点数）、速度（每分钟打印的页数）、颜色（彩色或黑白）和内存（影响文件打印的速度）。

【任务实施】

1. 将打印机设置为默认打印机

（1）选择 Windows "开始" 菜单→ "控制面板" 命令，打开 "控制面板" 窗口，在 "硬件和声音" 类别下面单击 "查看设备和打印机" 项，如图 1 – 125 所示，打开 "设备和打印机" 窗口，如图 1 – 126 所示。

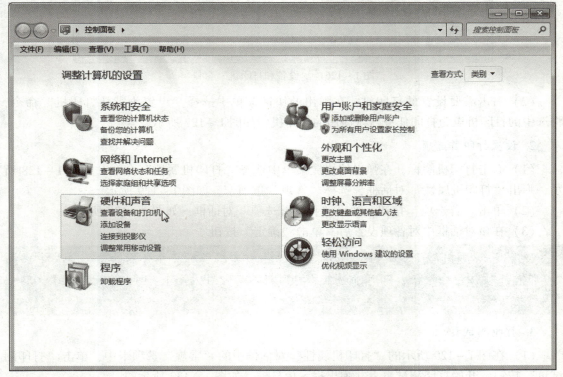

图 1 – 125 "控制面板" 窗口

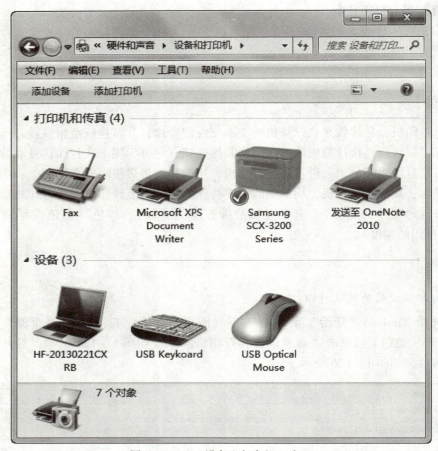

图 1 – 126　"设备和打印机"窗口

（2）右击需要设置的打印机，在弹出的快捷菜单中选择"设置为默认打印机"命令，将选中的打印机设为打印任务默认使用的打印机，如图 1 – 127 所示。

2. 设置打印首选项

（1）右击打印机图标，在弹出的快捷菜单中选择"打印机属性"命令，如图 1 – 128 所示，弹出"打印机属性"对话框，选择"常规"选项卡，如图 1 – 129 所示。

（2）单击"首选项"按钮，弹出"打印首选项"对话框，如图 1 – 130 所示。

（3）在该对话框中对各项设置后，单击"确定"按钮。

> **温馨提示**：打印首选项的设置也可通过右击打印机图标，在弹出的快捷菜单中选择"打印首选项"命令进入；还可通过双击打印机图标，进入图 1 – 131 所示的窗口，双击"调整打印选项"进入。

3. 打印测试页

（1）在图 1 – 129 所示的"打印机属性"对话框中的"常规"选项卡中，单击"打印测试页"按钮，开始打印测试页，并弹出提示信息框，如图 1 – 132 所示。

（2）测试页打印完毕后，单击"关闭"按钮。

图 1 – 127 设置为默认打印机

图 1 – 128 选择"打印机属性"命令

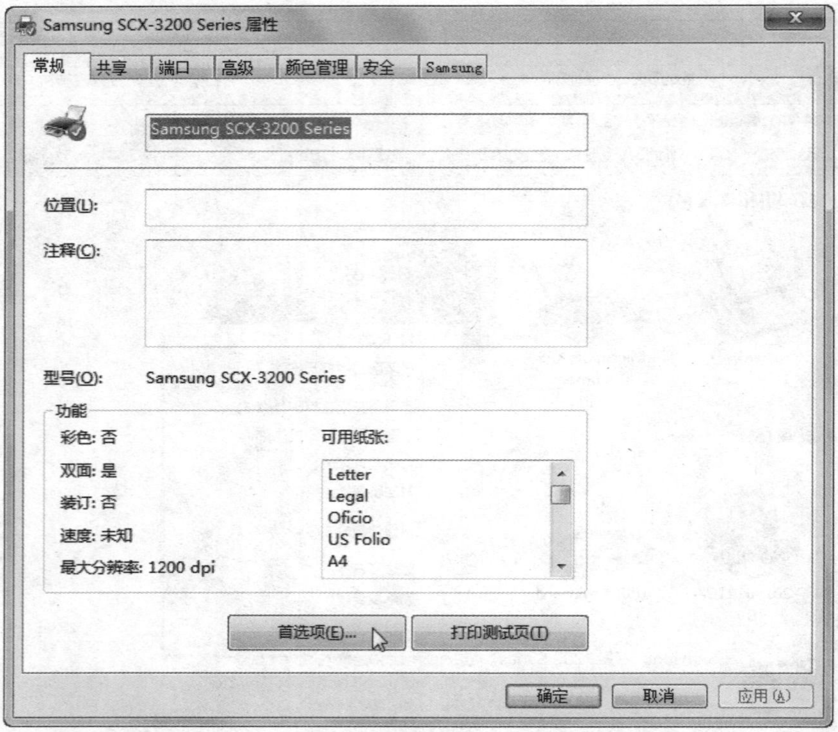

图 1 – 129　"打印机属性" 对话框

图 1 – 130　"打印首选项" 对话框

图 1 – 131 双击"调整打印选项"

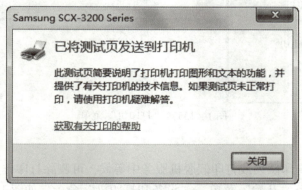

图 1 – 132 打印测试页提示信息框

4. 查看当前打印状态

（1）当打印机正在执行打印任务时，任务栏通知区域显示打印机图标，如图 1 – 133 所示。

图 1 – 133 任务栏通知区域的打印机图标

（2）右击任务栏通知区域的打印机图标，选择"打开设备和打印机"项，弹出"设备和打印机"窗口，右击打印机图标，在弹出的快捷菜单中选择"查看现在正在打印什么"命令，弹出打印机状态窗口，如图 1－134 所示。

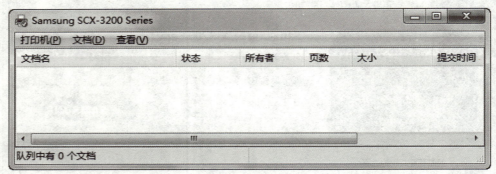

图 1－134　打印机状态

（3）单击"打印机"菜单，可对当前的打印任务进行调整，比如："暂停打印"，如图 1－135 所示。

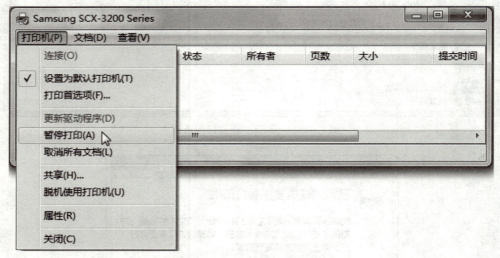

图 1－135　"打印机"菜单

5. 取消打印作业

如果打印作业在打印队列或打印假脱机服务中等候，可删除打印作业。

（1）单击 Windows "开始"菜单→"设备和打印机"命令，如图 1－136 所示。

（2）弹出"设备和打印机"窗口，右击打印机图标，在弹出的菜单中选择"查看现在正在打印什么"命令，弹出打印机状态窗口，如图 1－137 所示。

（3）在列表中选中要取消的文档，单击"文档"菜单，选择"取消"命令，如图 1－138 所示。

（4）弹出提示信息对话框"您确定要取消这些文档吗?"，单击"是"按钮，如图 1－139 所示，取消打印文档。

图 1 – 136　选择"设备和打印机"命令

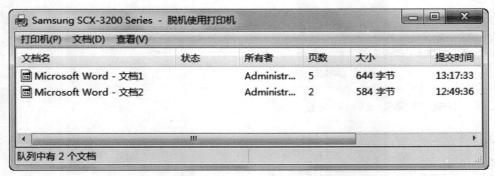

图 1 – 137　"脱机使用打印机"状态

图 1 – 138　选择"取消"命令

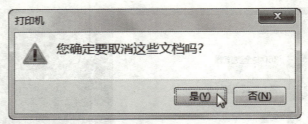

图 1 - 139　确定取消文档

6. 设置共享打印机

在一个局域网内，用户可以通过网络来实现多台计算机共同使用同一台打印机，要想将此功能实现，就必须将打印机设为共享。

（1）打开"控制面板"中的"设备和打印机"窗口，选中已安装好的打印机，右击打印机图标，选择"打印机属性"，在弹出的对话框中选择"共享"选项卡，如图 1 - 140 所示。

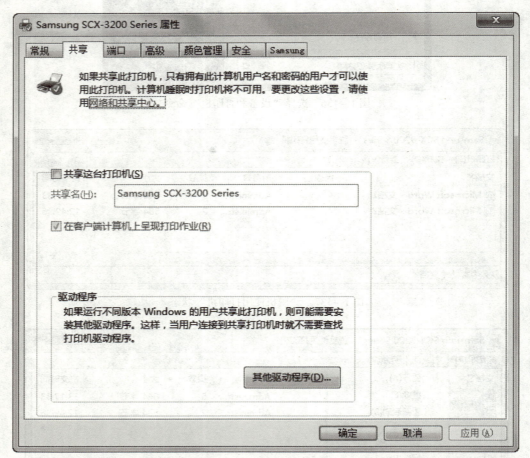

图 1 - 140　"共享"选项卡

（2）选中"共享这台打印机"复选框，并在"共享名"文本框中输入需要共享的名称，也可用系统默认的名字，如图 1 - 141 所示，单击"确定"按钮。

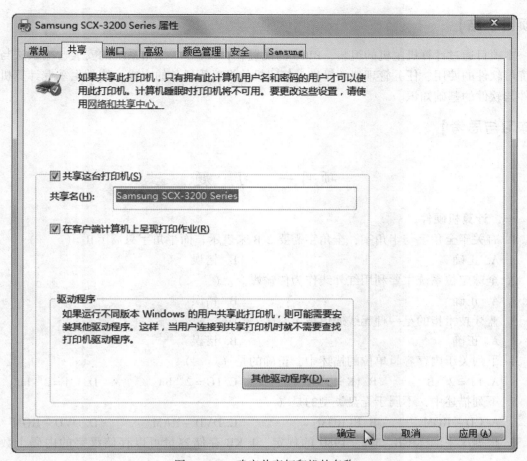

图1-141 确定共享打印机的名称

【任务总结】

本任务通过用户对连接到计算机上的打印机进行参数设置，以及添加网络打印机驱动程序来使用网络中的共享打印机进行打印作业，使读者掌握连接到计算机上的外部设备的使用方法以及如何共享网络设备。

【项目评价】

评价点	教师评价	学生自我评价
计算机主机的组装		
BIOS 的设置		
Windows 7 操作系统的安装		
输入法与打字练习软件的使用		
任务管理器的操作		
打印机的设置		

【项目小结】

本项目通过计算机主机的组装、BIOS 的设置、Windows 7 操作系统的安装、输入法与打字练习软件的使用、任务管理器的操作、打印机的设置等任务的完成，使学生掌握计算机的硬件与软件的基础知识。

【练习与思考】

项目一　习　题

一、计算机硬件

1. 有关于全角字与半角字，全角字需要 2 B 来表示，而半角字只需 1 B。（　　　）

    A. 正确　　　　　　　　　　　　　　B. 错误

2. 全球定位系统主要利用红外线作为传输媒介。（　　　）

    A. 正确　　　　　　　　　　　　　　B. 错误

3. 蓝牙技术指的是一种无线通信技术。（　　　）

    A. 正确　　　　　　　　　　　　　　B. 错误

4. 下列关于内存容量单位的描述中，正确的是（　　　）。

    A. $1T = 2^{30}$ B　　　B. $1K = 2^{10}$ B　　　C. $1G = 2^{30}$ bit　　　D. $1M = 2^{20}$ bit

5. 下列描述中，不属于光盘类型的是（　　　）。

    A. CD – ROM　　　B. EPROM　　　C. DVD – RAM　　　D. DVD – ROM

6. 根据汉字国标 GB 2312—1980 的规定，1 KB 存储容量可以存储汉字的内码个数是（　　　）。

    A. 1 024　　　B. 256　　　C. 512　　　D. 约 341

7. 配置高速缓冲存储器（Cache）是为了解决（　　　）。

    A. 内存与辅助存储器之间速度不匹配问题

    B. CPU 与辅助存储器之间速度不匹配问题

    C. CPU 与内存储器之间速度不匹配问题

    D. 主机与外设之间速度不匹配问题

8. 计算机性能指标中 MTBF 表示（　　　）。

    A. 平均无故障工作时间　　　　　　　B. 平均使用寿命

    C. 最大无故障工作时间　　　　　　　D. 最小无故障工作时间

9. 当计算机从硬盘读取数据后，将数据暂时储存在（　　　）。

    A. 随机存取内存（RAM）　　　　　　B. 只读存储器（ROM）

    C. 高速缓存（Cache）　　　　　　　D. 缓存器（Register）

10. BIOS（Basic Input/Output System）被存储在（　　　）。

    A. 硬盘存储器　　　　　　　　　　　B. 只读存储器

    C. 光盘存储器　　　　　　　　　　　D. 随机存储器

11. 目前数码相机记忆卡通常使用的内存类型是（　　　）。

| A. PROM | B. ROM | C. Flash ROM | D. DDR SDRAM |

12. 进程所具有的基本状态包括（选择三项）（　　　）。
    A. 后备状态　　　B. 运行状态　　　C. 完成状态　　　D. 就绪状态
    E. 等待状态

13. 下列设备中，属于输入设备的是（选择两项）（　　　）。
    A. 显示器　　　B. 耳机　　　C. 投影仪　　　D. 触摸板
    E. 条形码阅读器

14. 下列选项中属于内存的是（选择两项）（　　　）。
    A. CD – ROM　　　B. EPROM　　　C. Cache　　　D. RAM
    E. Smart Media

15. 下列选项中可作为打印机接口的是（选择两项）（　　　）。
    A. HDMI　　　B. USB　　　C. COM1　　　D. DVI
    E. LPT1

16. 以下设备中，下列哪一种同时是输入设备也是输出设备？（选择两项）（　　　）
    A. 多点触控屏幕　B. 鼠标　　　C. 键盘　　　D. 卡片阅读机

17. 下列设备中属于输入设备的是（选择两项）（　　　）。
    A. 耳机　　　B. 鼠标　　　C. 扫描仪　　　D. 打印机
    E. 投影仪

18. 下列选项中，属于内存存储容量单位的是（选择两项）（　　　）。
    A. MHz　　　B. ns　　　C. MIPS　　　D. bit
    E. TB

19. 下列是计算机认识的两个数字为（选择两项）（　　　）。
    A. 0　　　B. 1　　　C. 9　　　D. 2

20. 计算机主要技术指标通常是指（选择四项）（　　　）。
    A. CPU 的时钟频率　　　　　　　B. 运算速度
    C. 硬盘容量　　　　　　　　　　D. 字长
    E. 存储容量

21. 下列设备中，可辅助听视觉障碍人士使用计算机的有（选择两项）（　　　）。
    A. 游戏杆　　　　　　　　　　　B. 语音识别装置
    C. 信息安全规范　　　　　　　　D. 屏幕阅读装置

22. 请根据存储设备的访问速度，按由快至慢的顺序将下列存储设备排序。（　　　）
    A. 闪存记忆卡　　　　　　　　　B. 随机存取内存 RAM
    C. 硬盘驱动器（Hard Disk）　　　D. 光盘驱动器

23. 请将以下设备按照读取数据速度由慢至快的顺序排序。（　　　）
    A. 只读光驱　　　B. 高速缓存　　　C. 主存储器　　　D. 硬盘

24. 在下列 CPU 类型中，请按照功能从强到弱排序。（　　　）
    A. i5 – 6600K　　　　　　　　　B. Pentium G4500
    C. i7 – 6700K　　　　　　　　　D. Atom x5 Z8300

25. 请将下列动作以正确的顺序排列，以让您在 Windows 7 的个人计算机上，安装新的

打印机。（　　）

    A. 将打印机插入 USB 端口　　　　　　B. 安装厂商的驱动程序

    C. 使用 Windows Update 更新驱动程序　D. 允许 Windows 查找以及增加新的硬件

26. 用户要通过蓝牙方式将手机与笔记本电脑进行连接，请对可能的操作步骤进行排序。（　　）

    A. 关闭设备连接成功的对话框，完成连接

    B. 在搜索到的设备列表中，选择要进行连接的设备，并单击"下一步"按钮

    C. 比较计算机与要连接的设备之间的配对代码，如果代码一致则选择"是"按钮

    D. 选择"硬件和声音"选项

    E. 选择"添加 Bluetooth 设备"

    F. 打开 Windows 控制面板

27. 请由小到大依序列出计算机中数据组成的顺序。（　　）

    A. 位（bit）　　　B. 字节（Byte）　　　C. 文件（File）　　　D. 记录（Record）

    E. 字段（Field）

28. 下列数据储存单位由小而大顺序排列为何？（　　）

    A. KB　　　　　　B. GB　　　　　　C. MB　　　　　　D. PB

    E. TB

29. 请对个人计算机开机的引导过程中各个步骤进行排序。（　　）

    A. 对系统的关键部件进行诊断测试　　　B. 接通电源

    C. 启动 ROM 中的引导程序　　　　　　D. 识别外围设备

    E. 加载操作系统

30. 请按照年代由远及近的顺序排列各代计算机所使用的元器件。（　　）

    A. 集成电路　　　　　　　　　　　　　B. 晶体管

    C. 大规模和超大规模集成电路　　　　　D. 电子管

31. 在 ASCII 码表中，根据码值由小到大的排列顺序是（　　）。

    A. 数字符　　　　　B. 空格字符　　　　C. 小写英文字母　　　D. 大写英文字母

32. 1 GB 相当于_____ MB。

33. 16 个二进制位可表示的最大的整数是_____。

二、计算机软件

1. 开源软件（英语：Open source software，中文也称：开放源代码软件）是一种源代码可以任意获取的计算机软件，这种软件的版权持有人在软件协议的规定之下保留一部分权利并允许用户学习、修改、增进提高这款软件的质量。（　　）

    A. 正确　　　　　　　　　　　　　　　B. 错误

2. 若是数据内容同时有中、英、日等多国语言，则适合使用的编码方式是（　　）。

    A. Big－5　　　　　　　　　　　　　　B. Unicode（UTF－8）

    C. GB2312　　　　　　　　　　　　　　D. Shift－JIS

3. 下列对于 64 位计算机的叙述中，正确的是（　　）。

    A. 最多可以控制 64 个接口设备　　　　B. 最多可以同时执行 64 个程序

    C. 一次处理 64 个 0 或 1 的数据　　　　D. 一次将数据储存至 64 个位置

4. 下列不属于管理信息系统（MIS）功能的是（　　　）。
　　A. 降低成本　　　　　　　　　　　B. 提高生产效率
　　C. 精简工作人员　　　　　　　　　D. 建立正确的远景目标

5. 以下选项中，属于应用软件的是（　　　）。
　　A. Windows CE　　　B. Informix　　　　C. QQ For Windows　　　D. Netware

6. 下列软件中，可以免费下载使用，但若正式使用仍需付费的是（　　　）。
　　A. 专利软件　　　B. 公用软件　　　　C. 共享软件　　　　D. 免费软件

7. 能提供原始代码的软件是（　　　）。
　　A. 试用软件　　　B. 共享软件　　　　C. 开源软件　　　　D. 测试软件

8. 用户使用计算机高级语言编写的程序，通常称为（　　　）。
　　A. 汇编程序　　　　　　　　　　　B. 目标程序
　　C. 源程序　　　　　　　　　　　　D. 二进制代码程序

9. 请将下列程序类型与其说明对应。

系统软件		用来执行某些任务、处理数据和生成有用结果的程序，如选课系统
操作系统		用以在计算机上管理计算机资源
公用程序（Utility）		提供操作接口、安装执行程序的环境、文件磁盘与系统安全管理
应用软件		维护计算机效能，如备份与还原、防病毒软件或程序设计工具

10. 请将下列软件对应至其用途。

网页设计		Dreamweaver
项目管理		MS Project
个人信息管理软件		MS Outlook
浏览器		Google Chrome

11. 请将下列程序类型与其说明对应。

免费软件 （Freeware）	软件开发商与购买者之间的法律合约
软件授权 （Authentications）	内含软件的硬件
固件 （Firmware）	透过 Internet 提供软件，在远程数据中心安装、执行与维护，再以浏览器存取使用应用软件，并可进行在线协同作业
软件即服务 （Software as a Service，SaaS）	不需支付授权费用，即可使用于私人非商业用途

12. 请将下列软件与其用途进行配对。

OneNote
Winamp
Open WorkBench
Sony vegas

播放音乐
数字笔记本
项目管理
媒体编辑

三、操作系统基础

1. Windows 7 会自动辨识硬件设备并安装相关驱动程序，方便该硬件设备能立即使用。
（   ）
   A. 正确　　　　　　　　　　　　　　　B. 错误

2. Windows 7 适用于智能型手机等小型装置。（   ）
   A. 正确　　　　　　　　　　　　　　　B. 错误

3. Linux 是专为"苹果计算机"设计的操作系统。（   ）
   A. 正确　　　　　　　　　　　　　　　B. 错误

4. 在 Windows 7 中，打开应用软件的数据文件时，操作系统通常会为原始文件制作一个副本，并以临时文件的形式存储在磁盘上；在关闭文件时，临时文件也会被清除。
（   ）
   A. 正确　　　　　　　　　　　　　　　B. 错误

5. 智能型家电或数码相机通常使用嵌入式操作系统。（   ）
   A. 正确　　　　　　　　　　　　　　　B. 错误

6. 在 Windows 7 中，文件名中不可以包含空格。（   ）
   A. 正确　　　　　　　　　　　　　　　B. 错误

7. 下列操作系统中属于移动操作系统的是（   ）。
   A. Linux　　　　　B. UNIX　　　　　C. Android　　　　　D. Windows 7

8. 以下关于操作系统的叙述中，错误的是（   ）。
   A. UNIX 属于多用户操作系统　　　　　B. Linux 是代码开源操作系统
   C. Windows Server 属于网络操作系统　　D. Mac OS 属于单任务系统

9. 在 Windows 7 操作系统中，文件的组织结构是 （　　　）。
   A. 网状结构　　　　　　　　　　　　　B. 线性结构
   C. 环状结构　　　　　　　　　　　　　D. 树状结构

10. 以下关于计算机操作系统之叙述中，错误的是 （　　　）。
    A. iMac 笔记本电脑中的 Mac OS X10.3 操作系统是属于多任务操作系统
    B. Linux 是属于多用户多任务操作系统
    C. 大多数智能型手机的操作系统都使用 Windows 7
    D. Windows Server 及 Netware 均属于网络操作系统

11. 若计算机在使用中需经常复制及删除文件，应定期执行的程序是 （　　　）。
    A. 碎片整理工具　　　　　　　　　　　B. 磁盘扫描工具
    C. 病毒扫描程序　　　　　　　　　　　D. 磁盘压缩程序

12. 下列不是操作系统的是 （　　　）。
    A. Linux　　　　　　B. iOS　　　　　　C. WinRAR　　　　　　D. Ubuntu

13. 在 Windows 操作系统中，一般软件安装程序都使用的名称是 （　　　）。
    A. setup 或 install　　B. uninstall　　　　C. system　　　　　　D. xcopy

14. 要删除在 Windows 操作系统中的软件包已经安装的软件，最适当的方法是 （　　　）。
    A. 直接删除该软件包所在的文件夹
    B. 利用控制面板的 “程序和功能” 或该软件包的卸载程序
    C. 删除桌面上的快捷方式即可
    D. 删除程序集中的选项即可

15. 在 Windows 系统中，若在窗口的标题栏上连按双击鼠标左键两下，可完成的操作有
    （　　　）。
    A. 将窗口最小化　　　　　　　　　　　B. 移动窗口位置
    C. 关闭窗口　　　　　　　　　　　　　D. 将窗口最大化或还原成原来大小

项目二

Windows 7 操作系统

　　Windows 7 操作系统是微软公司 2009 年发布的，是目前支持硬件最多的操作系统，也是目前最流行的基于图形界面的操作系统，它几乎可以满足各个领域的需要。通过它可以上网、收发电子邮件、聊天、观看媒体的现场直播、游戏娱乐等。计算机中的大部分操作都是在 Windows 操作系统下完成的，要学好计算机，必须先学好 Windows 操作系统。

【项目描述】

　　在安装 Windows 7 操作系统之前，必须对它有一定的了解，熟悉操作系统的功能、特色及计算机硬件配置的基本要求，检验 Windows 7 操作系统是否符合用户的需要，以及用户的计算机是否安装 Windows 7 操作系统。

【项目分析】

　　目前计算机的应用已经深入到工作、学习和生活等多个方面，而操作系统是每一台计算机所必需的软件。计算机只有先安装了操作系统，才能变成我们的助手，更好地协助我们学习、生活和工作。因此，我们要学会安装操作系统，以方便使用计算机。

　　为了方便使用，Windows 7 提供多个版本：商用服务器、工作站和其他高端计算机，可以使用 Windows 7 专业版、企业版和旗舰版（允许使用两个物理处理器），以便为这些计算机提供最佳性能，而 Windows 7 简易版、家庭普通版和家庭高级版只能识别一个物理处理器，可以在硬件配置一般的计算机上使用。

【相关知识和技能】

　　Windows 7 被誉为最节能 Windows，可更快睡眠、恢复和重新连接无线网络。搜索内容时，也会更快弹出结果，基本没有延迟，而且搜索结果的排序分组也变得更快了，当首次插入便携式闪存或其他 USB 设备时，通常在几秒钟内就能使其就绪。如果以前使用过该设备，等待时间会更少。

　　另外，Windows 7 进行了一些内存的调整，可提高 PC 的整体速度和性能。在空闲时使用内存更少，启动和切换窗口时使用的图形内存也更少，而且仅当需要时才运行后台服务，（如 Bluetooth），如果内存确实不足，还可以使用 ReadyBoost 功能，通过使用大多数 USB 闪存驱动器和闪存卡上的存储空间，来提高计算机的速度。Windows 7 还具有超级任务栏，既提高了界面的美观性，又提供多任务的方便切换。

　　与以往的版本相比较，Windows 7 操作系统提供了以下更加人性化的新功能。

1. 家庭组

家庭组，可以在家中各处共享所需的内容，可以轻松地连接家庭网络上运行 Windows 7 的两台或更多台计算机，自动开始共享彼此的打印机、媒体和文档库。例如将文档通过电子邮件发送给隔壁房间中的连接了打印机的计算机进行打印；或者在卧室通过"家庭组"观看书房的计算机里的电影等。另外，家庭组提供了加密保护功能，每台计算机可以自行设置要共享的内容，也可以将共享了的文件设置为"只读"模式，只允许他人查看，但不能更改。

使用任何版本的 Windows 7 都可以加入家庭组，但是只有在 Windows 7 家庭高级版、专业版、旗舰版或企业版中才能创建家庭组。

2. 跳转列表

跳转列表（Jump List）是 Windows 7 中的新增功能，是按打开程序分组的文档、图片、歌曲、网站等文件的列表，可快速访问常用的文件。右键单击 Windows 7 任务栏上的程序按钮即可打开跳转列表。也可以通过在"开始"菜单上单击程序名称旁的箭头，来访问跳转列表。在跳转列表中看到的内容完全取决于程序本身。例如 IE 浏览器的跳转列表可显示经常浏览的网站，Windows Media Player 列出经常播放的歌曲等。跳转列表不仅仅显示文件的快捷方式，有时还会提供相关命令（例如撰写新电子邮件或播放音乐）的快捷访问。

3. Aero 桌面

Aero 是 Authentic（真实）、Energetic（动感）、Reflective（具反射性）及 Open（开阔）的缩写。Aero 视觉体验特点包括精致的动画效果和透明的玻璃窗口，还可以对这些体验进行个性化。可以从系统包含的调色板中挑选颜色，也可以使用颜色合成器创建自己的自定义色彩。Aero 不仅提供了炫酷的视觉效果，也提出了管理桌面的新方法，例如将鼠标指向任务栏按钮，可以看到缩略图大小的预览，然后指向某个缩略图，即可看到该缩略图的全屏预览。另外，鼠标拖曳操作也能快速调整已打开窗口的大小，例如将窗口拖动到屏幕边缘即可与另外一个窗口并排，往屏幕边角拖动即可展开窗口，让窗口占满整个屏幕等，单击窗口顶部并晃动鼠标，其他已经打开的窗口都会最小化，屏幕上只能看到该窗口；再次晃动，其他窗口又会重新出现。

只有在 Windows 7 家庭高级版、专业版和旗舰版中才能使用 Aero 桌面的全部功能。

4. Windows 搜索

在 Windows 7 中，可以更快地在更多的位置搜索到更多内容（包括文档、电子邮件、歌曲等）。

在"开始"菜单搜索框中键入要查找的内容，会立即出现计算机中相关文档的列表。可以键入文件名、文件标记、文件类型，甚至文件内容进行搜索。若要查看更多匹配结果，可以在搜索结果中单击某个类别，例如"文档"或"图片"，或单击"查看更多结果"，搜索词突出显示，以便于查看列表。

另外，现在很少有人将所有文件存储在同一位置，因此 Windows 7 还可以搜索外部硬盘驱动器，联网计算机库。可以根据日期、文件类型和其他有效分类缩小搜索范围。

5. 远程媒体流

"远程媒体流"功能，可以通过 Internet 轻松访问 Windows Media Player 的媒体库。即使不在家也能欣赏家中计算机上的音乐。

要使用"远程媒体流"功能，必须是两台计算机都在运行 Windows 7 操作系统。先通过 Windows Media Player 12 中新的"流"菜单启动该功能，然后通过在线"ID"（例如 Microsoft 账户、电子邮件地址等）为两台计算机建立联系。

"远程媒体流"功能只是您在 Windows 7 操作系统中欣赏位于其他位置的媒体库内容的一个选项。如果您拥有家庭组，则可以在家庭计算机之间轻松共享多媒体，您还可以使用播放功能向立体设备或电视传输多媒体文件。

6. Windows 触控技术

将 Windows 7 与触摸屏计算机配套使用，只需使用手指即可阅览在线报纸、翻阅相册、拖曳文件和文件夹等。

一指触控技术在 Windows 中应用多年，只是功能相对有限。而在 Windows 7 操作系统中，首次全面支持多点触控技术。例如需要放大显示，只要将两个手指放在支持多点触控的计算机屏幕上，然后分开两个手指；要右键单击文件，只要使用一个手指触摸它，然后用另外一个手指点击屏幕。Windows 7 系统中的"开始"菜单和任务栏采用了加大显示，易于手指触摸图标。所有常用的 Windows 7 程序也即将支持触控技术，甚至可以在画图中使用手指来画画。

但 Windows 触控技术仅适用于家庭高级版、专业版和旗舰版。

7. 更好的使用内存

插入一个 USB 闪存驱动器或卡，右击其图标，在打开的快捷菜单中单击"属性"命令，打开属性对话框，选择"ReadyBoost"选项卡，如图 2-1 所示，通过设置预留空间，可以在计算机内存不足或较低时提升计算机性能。因为 Windows 需要空间来汇集数据，所以内存低会使计算机速度减慢，如果内存不足，它会转向使用硬盘驱动器，而闪存则可用作速度较快的备用设备。ReadyBoost 功能可用于大多数闪存存储设备。在 Windows 7 操作系统中，可以处理多达 8 个存储设置的 ReadyBoost 功能，最多可获取 256 GB 的额外内存空间。

在了解了 Windows 7 操作系统的新特点后，我们也必须知道安装 Windows 7 操作系统的必要的硬件要求。要正常运行 Windows 7 操作系统，必须保证计算机的硬件配置至少要达到下列要求：

（1）CPU：1 GHz 及以上（32 位或 64 位处理器）。

（2）内存：32 位，1 GB 以上；64 位，2 GB 以上。

（3）硬盘：32 位，16 GB 以上可用空间；64 位，20 GB 以上。

（4）显卡：集成显卡为 64 MB 以上；128 MB 为打开 Aero 最低配置，若不打开，64 MB 也可以。

（5）其他设备：DVDR/RW 驱动器或 U 盘等其他存储介质，必要时应连接互联网。

安装完成后，需在线激活或电话激活。

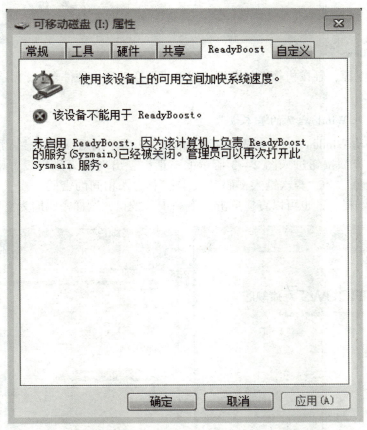

图 2-1　启用 ReadyBoost

任务一　初识 Windows 7 操作系统

【任务目标】

（1）启动 Windows 7 操作系统。

（2）设置用户名和密码、设置 Windows 的密钥及更新方式、设置时间、设置网络。

（3）退出 Windows 7 操作系统。

【任务分析】

（1）掌握 Windows 7 的启动和退出的方法。

（2）熟悉 Windows 7 桌面的设置。

（3）获取"帮助"信息的方法。

【知识准备】

Windows 7 操作系统是目前全球 PC 使用最多的操作系统，也是 Windows 操作系统中的主流产品，因此要了解 Windows 7 操作系统的安装过程。

【任务实施】

1. 启动 Windows 7

接通计算机电源，轻按机箱上的电源按钮，机器自动进行硬件自检，引导操作系统的整个过程。

2. 第一次进入 Windows 7 的基本设置

（1）首次启动 Windows 时，首先需要在如图 2-2 所示的对话框中输入用户名和计算机名，单击"下一步"按钮进入图 2-3 所示的对话框，出现"为账户设置密码"窗口，在"键入密码（推荐）"和"再次键入密码"文本框中输入相同的密码，在"键入密码提示"文本框中输入密码提示，也可以直接单击"下一步"按钮，这样密码即为空。

图 2-2　设置用户名和计算机名

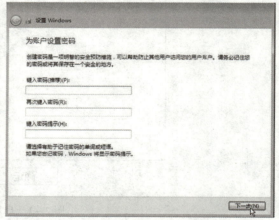

图 2-3　设置账户密码

（2）出现"键入您的 Windows 产品密钥"窗口，在"产品密钥"文本框中输入密钥，选中"当我联机时自动激活 Windows"复选框，也可以直接单击"下一步"按钮，安装完成后再激活 Windows，如图 2-4 所示。在更新设置窗口，选择"使用推荐设置"项，如图 2-5 所示。

图 2-4　键入产品密钥

图 2-5　选择更新设置级别

（3）出现"查看时间和日期设置"窗口，在"时区"下拉列表中选择"（UTC＋08：00）北京，重庆，香港特别行政区，乌鲁木齐"选项，在"日期"栏设置日期，在"时间"文本框中设置时间，单击"下一步"按钮，如图2-6所示。

（4）出现网络设置窗口，根据实际的地点选择所需网络，这里选择"工作网络"，如图2-7所示。出现"Windows 正在完成您的设置"界面，如图2-8所示。

（5）出现"正在准备桌面"界面，如图2-9所示。

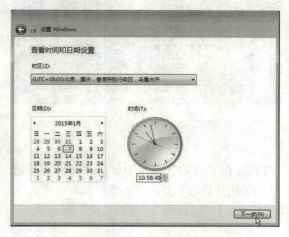

图2-6 设置系统时间

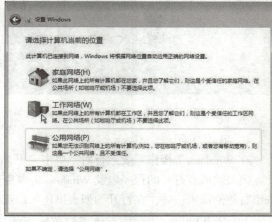

图2-7 选择网络位置

图2-8 "Windows 正在完成您的设置"界面

图2-9 "正在准备桌面"界面

（6）出现"个性化设置"界面，如图2-10所示。

（7）出现 Windows 7桌面，进入系统界面，如图2-11所示。

3. 退出 Windows 7 操作系统

Windows 7 是多用户多任务的操作系统，前台运行某一程序的同时，后台也可以同时运行几个其他程序。在这种情况下，如果因为前台程序已经完成而关掉电源，后台程序的数据和运行结果就会丢失，此外，程序运行时可能需要占领大量磁盘空间保存临时数据，这些临时性数据文件会在系统正常退出时自动删除，如果非正常退出，就会造成磁盘空间的浪费。

因此，在完成计算机的操作时必须正常退出系统。

图 2 – 10　"个性化设置"界面

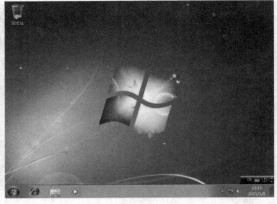

图 2 – 11　Windows 7 桌面

1）正常关闭

在 Windows 7 操作系统运行后，单击"开始"按钮，在"开始"菜单中单击"关机"按钮，计算机关闭所有打开的程序以及 Windows 7 本身，然后关闭计算机和显示器。把鼠标放在"关机"按钮右侧的箭头位置，在打开的列表里还可以选择"切换用户""注销""重新启动"等选项。

2）在 Windows 7 操作系统运行故障时关闭

关闭系统之前，如果因为某些程序出错或出现其他故障导致系统无响应，通常采用以下方法排出故障。

方法一：按组合键"Ctrl"＋"Alt"＋"Del"，选择"启动任务管理器"，打开如图 2 – 12 所示的对话框。在其"应用程序"选项卡下的任务列表中，选择出现故障的任务，并单击"结束任务"按钮，关闭所选程序。

图 2 – 12　"Windows 任务管理器"界面

方法二：按"Reset"键重新启动计算机，启动后排除故障，然后关闭计算机。

方法三：将光标指向"开始"菜单中"关机"按钮右侧的箭头，在打开的列表里选择"注销"项，即向系统发出清除当前登录的用户的请求，清空当前用户的缓存空间和注册信息，清除后即可重新使用任何一个用户身份重新登录系统。

4. 获取"帮助"信息

如有疑难问题，可使用"开始"菜单中的"帮助和支持"功能。

打开提供有关"使用 Windows Defender"详情的 Windows 帮助文件。

（1）打开"开始"菜单，单击"帮助和支持"命令，如图 2 - 13 所示。弹出"Windows 帮助和支持"对话框，如图 2 - 14 所示。

图 2 - 13　选择"帮助和支持"

图 2 - 14　"Windows 帮助和支持"对话框

（2）在文本框中输入"Windows Defender"，单击搜索按钮，如图 2 - 15 所示。单击找到的"使用 Windows Defender"条目，打开帮助文件详情，如图 2 - 16 所示。

【任务总结】

一般来说，对系统进行升级安装要比进行全新安装方便很多，特别是不必重新进行参数设置，不必重新安装应用系统程序等。但是如果有以下情况，应该进行全新安装：

（1）硬盘是全新的，没有安装操作系统。

（2）操作系统没有升级到 Windows 7 的能力。

（3）不需要保留现有数据、应用程序和参数设置。

（4）硬盘有两个以上容量足够大的分区，希望创建双重启动配置，安装完 Windows 7 后保留原来的 Windows 操作系统。

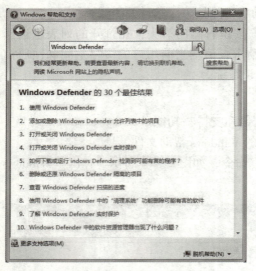

图 2-15 搜索"Windows Defender"

图 2-16 "使用 Windows Defender"详情的帮助文件

任务二 Windows 7 操作系统工作环境设置

【任务目标】

本任务将完成 Windows 7 操作系统的相关设置。在这个过程中，期望读者在操作技能方面能够熟练掌握以下几点：

（1）个性化桌面及桌面图标、属性的设置。

（2）任务栏、"开始"菜单、区域和语言选项的设置，时间和日期的更新。

（3）桌面显示图标的设置。

（4）鼠标和键盘的设置。

【任务分析】

桌面是打开计算机并登录 Windows 后看到的主屏幕区域，也是用户工作的主要平台。桌面主要由图标、任务栏等组成。图标是桌面上或文件中用来表示 Windows 各种程序或项目的小图形，将鼠标指针指向某个图标时，屏幕上会出现该图标的提示信息，双击某个图标，可以直接打开其所代表的项目；任务栏一般在桌面的下方，主要包括"开始"按钮、常用程序图标、正在运行的程序图标、通知区域等。

【知识准备】

Windows 7 操作系统是微软公司推出的电脑操作系统，供个人、家庭及商业使用，一般安装于笔记本电脑、平板电脑、多媒体中心等。Windows 7 操作系统做了许多方便用户的设计，如快速最大化、窗口半屏显示、跳跃列表、系统故障快速修复等，这些新功能令 Windows 7 成为最易用的 Windows 操作系统。

【任务实施】

1. 个性化桌面及桌面图标、属性的设置

在 Windows 7 操作系统中，用户可以进行个性化设置，如将自己喜欢的图片或照片设置

为计算机的桌面或设置为屏幕保护等。

　　在默认的状态下，Windows 7 操作系统安装之后，桌面上只有一个"回收站"图标，若要将其他常用的程序图标也显示在桌面上，操作步骤如下。

　　（1）在 Windows 7 桌面上单击鼠标右键，从弹出的快捷菜单中选择"个性化"命令，弹出"个性化"对话框，如图 2 - 17 所示。

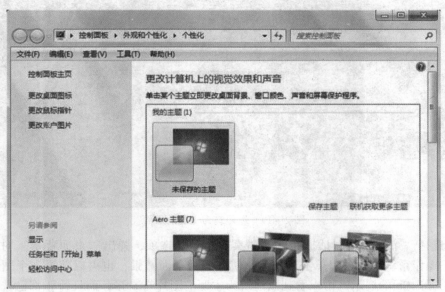

图 2 - 17　"个性化"对话框

　　（2）在"Aero 主题"展示区中选择一个自己喜欢的主题，比如单击"建筑"主题，如图 2 - 18 所示。单击任务栏右侧的"显示桌面"按钮，可以看到桌面背景图片变成了以建筑为主题的图片，如图 2 - 19 所示。

图 2 - 18　选择"建筑"主题

图 2 – 19 以建筑为主题的桌面

（3）选择"个性化"对话框底部的"桌面背景"选项，弹出"桌面背景"对话框，在 Windows 7 操作系统中，可以单击某个图片使其成为桌面背景，也可以选择多个图片创建一个幻灯片。在中间的展示区可以看到以建筑为主题的图片有 6 张，而且每张都已选中，如图 2 – 20 所示。

图 2 – 20 选择"桌面背景"选项

（4）单击"更改图片时间间隔"下拉列表，选择"10 秒"，单击任务栏右侧的"显示桌面"按钮，观察桌面背景图片的变化情况，如图 2 – 21 所示。如果选择展示区中某一张图片，可以看到"更改图片时间间隔"下拉列表变为灰色不可用状态，桌面背景图片固定在选中图片上不再更改，然后单击"保存修改"按钮。

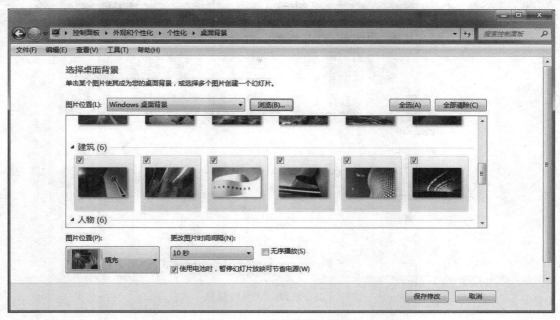

图2-21　"桌面背景"对话框

（5）选择"个性化"对话框底部的"窗口颜色"选项，如图2-22所示，弹出"窗口颜色和外观"对话框，选择第一行第三列的"大海"颜色，如图2-23所示。选中"启用透明效果"复选框，单击"保存修改"按钮。

图2-22　单击"窗口颜色"选项

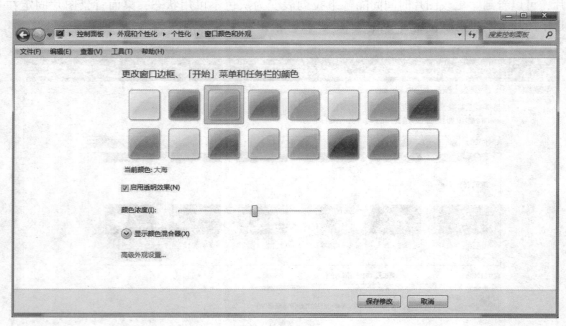

图 2 – 23　选择"大海"颜色

（6）选择"个性化"对话框底部的"声音"选项，如图 2 – 24 所示，弹出"声音"对话框，单击"声音方案"下拉列表，选择"都市风景"选项，如图 2 – 25 所示，单击"确定"按钮。

图 2 – 24　单击"声音"选项

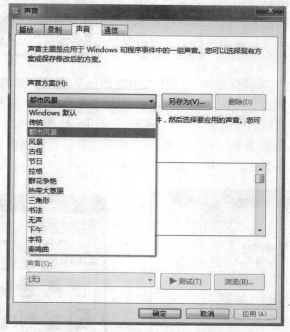

图 2 – 25　选择"都市风景"选项

（7）选择"个性化"对话框底部的"屏幕保护程序"选项，弹出"屏幕保护程序设置"对话框，如图 2 – 26 所示，单击"屏幕保护程序"下拉列表，选择"彩带"，设置"等待"为 10 分钟，单击"确定"按钮。

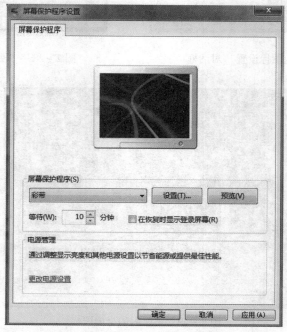

图 2 – 26　设置"屏幕保护程序"

屏幕保护程序的作用是当用户在短时间内暂不使用计算机的情况下，屏蔽计算机的桌面，以防止用户的资料被他人看到。用户需要重新使用计算机时，只需移动鼠标或者按键盘任意键便可恢复桌面显示（如果用户设置了屏幕保护程序的密码，则需输入密码后才能取消屏幕保护）。

　　（8）单击"个性化"对话框左侧的"更改桌面图标"选项，弹出"桌面图标设置"对话框。选择"计算机"图标，如图 2-27 所示，单击"更改图标"按钮，弹出"更改图标"对话框，选择第一行第五列的图标，单击"确定"按钮，如图 2-28 所示。回到"桌面图标设置"对话框，再单击"确定"按钮，切换到桌面，可以看到桌面上出现了"控制面板"图标并且"计算机"图标发生了变化，如图 2-29 所示。

图 2-27　"桌面图标设置"对话框

图 2-28　"更改图标"对话框

图 2-29　更改后的桌面图标

（9）单击"个性化"对话框左侧的"更改鼠标指针"选项，弹出"鼠标属性"对话框，如图2-30所示，单击"方案"下方的下拉列表，选择"Windows标准（大）（系统方案）"，单击"确定"按钮。

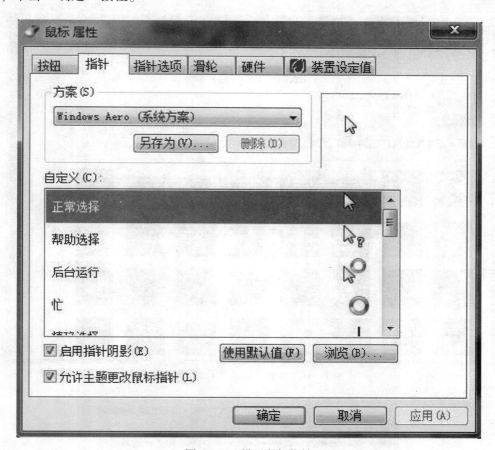

图2-30 设置鼠标指针

（10）单击"个性化"对话框左侧的"更改账户图片"选项，弹出"更改图片"对话框，选择第一行第五列的图片，单击"更改图片"按钮，如图2-31所示。单击"开始"菜单，观察更改后的账户图片。

（11）单击"个性化"对话框左下角的"显示"选项，弹出"显示"对话框，如图2-32所示。单击对话框左侧的"调整分辨率"选项，弹出"屏幕分辨率"对话框，单击"分辨率"的下拉列表，通过滑块上下移动可以改变屏幕分辨率，并可以在对话框中预览到相应的效果，如图2-33所示。单击"方向"的下拉箭头可以改变屏幕方向；保存上述改变结果要单击"应用"和"确定"按钮。

如果需要对显示器进行特殊设置，可以单击图2-33中的"高级设置"按钮，弹出如图2-34所示的对话框，此对话框的"适配器"选项卡可用来显示适配器类型和适配器信息，"监视器"选项卡可以调整"屏幕刷新频率"和"颜色"。

图 2 - 31　设置"更改图片"对话框

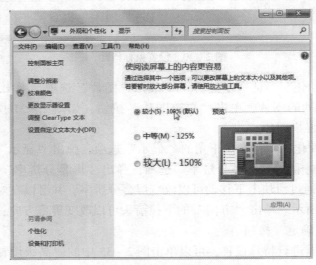

图 2 - 32　"显示"对话框

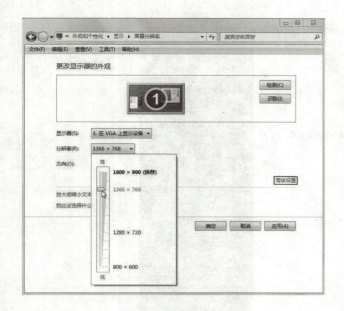

图 2 – 33　设置分辨率

图 2 – 34　显示高级设置对话框

2. 设置"开始"菜单

"开始"菜单可用于用户启动计算机程序、访问文件夹和设置计算机的起始位置。单击位于桌面底部任务栏最左侧的 "开始"按钮，打开"开始"菜单，如图 2 – 35 所示，由此开始 Windows 7 的操作和使用。具体操作步骤如下：

（1）在"开始"按钮上或者在任务栏上的空白处单击鼠标右键，在弹出的快捷菜单中选择"属性"命令，打开"任务栏和「开始」菜单属性"对话框，选择"「开始」菜单"选项卡，如图 2 – 36 所示。

（2）单击"自定义"按钮，打开如图 2 – 37 所示的"自定义「开始」菜单"对话框。在"您可以自定义「开始」菜单上的链接、图标以及菜单的外观和行为。"下面的列表框中，选中"计算机"下面的"显示为菜单"单选按钮。将"要显示的最近打开过的程序的数目"设为 5，将"要显示在跳转列表中的最近使用的项目数"设为 5，单击"确定"按钮。

（3）回到上一级"任务栏和「开始」菜单属性"对话框，在"电源按钮操作"的下拉列表中选择"注销"，如图 2 – 38 所示，单击"确定"按钮。

（4）再单击"开始"按钮，将鼠标移动到"开始"菜单右窗格中的"计算机"处，弹出级联菜单显示"计算机"中的内容，如图 2 – 39 所示。

（5）观察"开始"菜单最近打开过的程序的数目是 5 个，将鼠标移动到"画图"处，显示在"画图"跳转列表中的最近使用的项目数是 5 个，"电源按钮操作"变为"注销"，如图 2 – 40 所示。

"开始"菜单右下角的按钮称为电源按钮，默认为"关机"操作，在前面的例子中已被改为"注销"操作。通过电源按钮可以在不关闭任何当前程序的前提下锁定计算机以确保其安全。操作步骤如下：

图 2 –35　"开始"菜单

图 2 –36　"任务栏和「开始」菜单属性"对话框

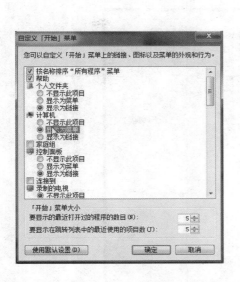

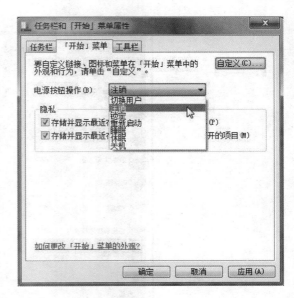

图 2 – 37 设置后的"自定义「开始」菜单"对话框   图 2 – 38 设置"电源按钮操作"

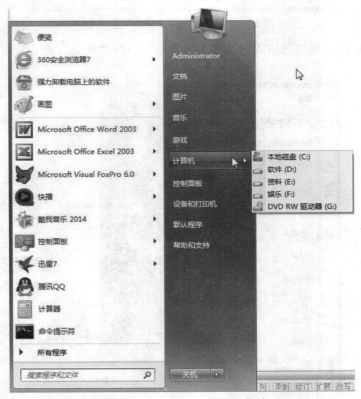

图 2 – 39 设置后的"开始"菜单 1

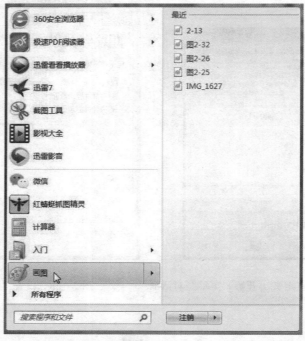

图 2-40　设置后的"开始"菜单 2

①单击电源按钮后面的三角图标，在下级菜单中选择"锁定"命令，如图 2-41 所示。

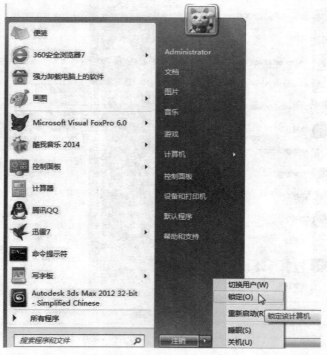

图 2-41　选择"锁定"命令

②在出现的锁定界面中，单击"Administrator"命令或账户图片，解除锁定，如图2 – 42 所示。

图2 – 42　解除锁定

3. 设置任务栏

任务栏一般位于屏幕的底部，其外观如图2 – 43 所示。

图2 – 43　任务栏

通过任务栏可以启动应用程序、切换窗口、切换输入法和查看系统的时间信息等。如果要切换正在运行的应用程序窗口，只要单击代表该窗口的按钮即可。也可以从任务栏关闭窗口。具体设置步骤如下：

（1）锁定任务栏：右击任务栏的空白区域，在弹出如图2 – 44 所示的快捷菜单中，选择"锁定任务栏"命令，锁定任务栏后，任务栏就不可以改变和移动了。

（2）移动任务栏：右击任务栏的空白区域，通过快捷菜单查看当前是否为"锁定任务栏"状态，如果是，则解除锁定，然后，将鼠标光标指向任务栏的空白区域，按住鼠标左键拖动，把任务栏移动到想放置的地方时释放鼠标左键，可以把任务栏移动到屏幕的左侧、右侧和顶部。

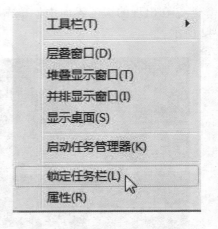

（3）更改任务栏的大小：将鼠标光标指向任务栏的上边缘，当鼠标的指针变为双向箭头时，进行上下、左右拖动任务栏的边缘，可改变任务栏的大小。

（4）自动隐藏任务栏：将鼠标指向任务栏的空白区域，单击右键在弹出的快捷菜单中选择"属性"命令，弹出如图 2-45 所示的对话框。选中"自动隐藏任务栏"复选框，此时任务栏在屏幕窗口中不可见，把鼠标移至

图 2-44　快捷菜单

任务栏所在的位置时，任务栏则出现在屏幕窗口中，移开鼠标，任务栏则隐藏。

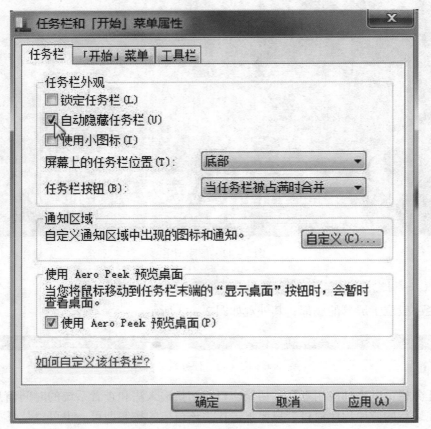

图 2-45　设置自动隐藏任务栏

（5）添加工具栏：右击任务栏的空白区域，弹出如图 2-46 所示的快捷菜单，在弹出的快捷菜单中的"工具栏"子菜单中选择所要添加的工具栏名称，即可在任务栏上添加相应的工具，如图 2-47 所示。

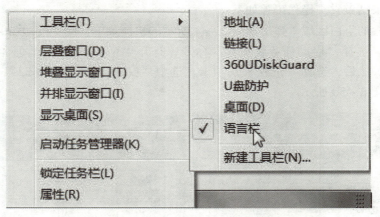

图2-46　"工具栏"子菜单

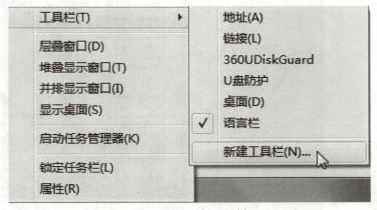

图2-47　添加工具栏

创建工具栏：如果要创建自己的工具栏，可选择如图2-47所示的"新建工具栏"命令，弹出"新建工具栏"对话框，在列表框中选择要"新建工具栏"的文件夹。例如：选择"计算机"，单击"选择文件夹"按钮即可在任务栏上创建"计算机"工具栏，如图2-48所示。

图2-48　创建"计算机"工具栏

4. 使用任务管理器结束进程

如果计算机仍在后台运行一个Outlook进程，想结束此程序Outlook. exe的进程，就要启用任务管理器来结束它。操作步骤如下：

右击任务栏的空白区域，弹出如图 2 - 44 所示的快捷菜单，或者按"Ctrl" + "Alt" + "Del"组合键，选择"启动任务管理器"命令，打开"Windows 任务管理器"对话框，如图 2 - 49 所示，然后，选择"进程"选项卡，选中"OUTLOOK. EXE ＊32"，单击"结束进程"按钮，如图 2 - 50 所示。

图 2 - 49　"Windows 任务管理器"对话框　　　　图 2 - 50　结束"OUTLOOK. EXE ＊32"进程

5. 设置桌面图标

桌面图标可分为系统图标、快捷方式图标和文件图标三种，对桌面上图标的操作主要有以下几种：

1）排列图标

在桌面空白处右击，在弹出的快捷菜单中选择"排列方式"命令，在子菜单中选择一种排列方式，如图 2 - 51 所示。也可选中图标对象，按住鼠标左键拖动到桌面上的任意地方。

2）设置图标查看方式

在桌面空白处右击，在弹出的快捷菜单中选择"查看"命令，弹出下级子菜单，如图 2 - 52 所示，在子菜单中选择需要的排列方式。

3）添加新对象

在桌面空白处，单击右键，弹出快捷菜单，在弹出的快捷菜单中选择"新建"命令，如图 2 - 53 所示。在子菜单中选择所需对象的方法来创建新对象。

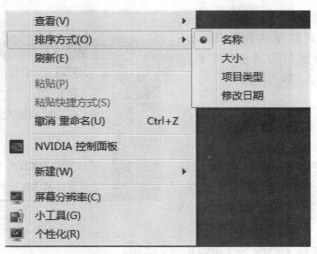

图2-51　排列图标快捷菜单

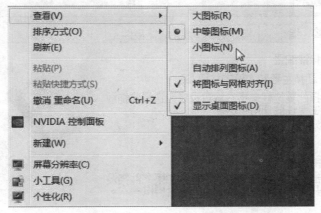

图2-52　设置图标查看方式

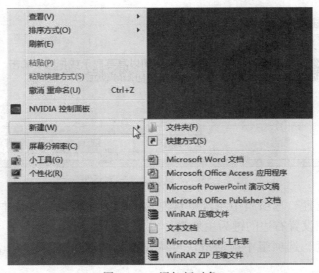

图2-53　添加新对象

4）删除桌面上的对象

右击桌面上的某对象（例如 Internet Explorer），然后在弹出的快捷菜单中选取"删除"命令，如图 2-54 所示。

6. 设置鼠标

单击"开始"菜单，选择"控制面板"，如果查看方式是"类别"，单击"硬件和声音"选项，进入新窗口。在"设备和打印机"类别下面单击"鼠标"选项，打开"鼠标属性"对话框，如图 2-55所示。

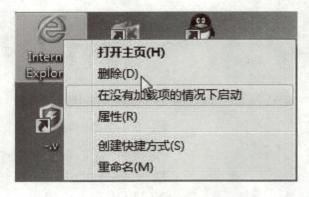

图 2-54　删除图标

（1）选择"鼠标键"选项卡，如图 2-55 所示。

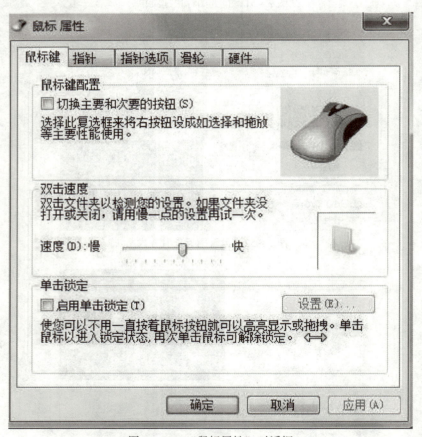

图 2-55　"鼠标属性"对话框

①在"鼠标键配置"选项组中系统默认左边的键为主要键，若选中"切换主要和次要的按钮"复选框，则设置右边的键为主要键。

②在"双击速度"选项组中拖动滑块可调整鼠标的双击速度，双击旁边的文件夹可检验设置的速度。

③在"单击锁定"选项组中若选中"启用单击锁定"复选框，则可以在移动项目时不用一直按着鼠标键就可实现，单击"设置"按钮，在弹出的"单击锁定的设置"对话框中可调整单击锁定需要按鼠标键或轨迹球按钮的时间。

（2）选择"指针"选项卡，如图2－56所示。

图2－56　"指针"选项卡

①在"方案"下拉列表中可以选择鼠标指针方案。

②在"自定义"列表框中显示了该方案中鼠标指针在各种状态下显示的样式，若用户对某种样式不满意，可选中它，单击"浏览"按钮，打开"浏览"对话框，在里面选择一种鼠标指针样式，在"预览"框中可看到具体的样式，单击"打开"按钮，即可应用到所选鼠标指针方案中。

③如果希望鼠标指针带阴影，可选中"启用指针阴影"复选框。

（3）选择"指针选项"选项卡，如图2－57所示。

①在"移动"选项组中，拖动滑块可调整指针的移动速度。选中"提高指针精确度"复选框可提高指针精确度。

②在"对齐"选项组中，选中"自动将指针移动到对话框中的默认按钮"复选框，指针会自动放在对话框中的默认按钮上。

③在"可见性"选项组中，若选中"显示指针轨迹"复选框，则在移动鼠标指针时会显示指针的移动轨迹，拖动滑块可调整轨迹的长短。

图 2 – 57 "指针选项"选项卡

④若选中"在打字时隐藏指针"复选框，则在输入文字时将隐藏指针。

⑤若选中"当按 CTRL 键时显示指针的位置"复选框，则按"Ctrl"键时会以同心圆的方式显示指针的位置。

（4）选择"滑轮"选项卡，在该选项卡中可以对鼠标滑轮进行设置，如图 2 – 58 所示。分别显示垂直滚动、水平滚动的行数。

（5）选择"硬件"选项卡，该选项卡显示了设备的名称、类型及属性，如图 2 – 59 所示。单击"属性"按钮，打开如图 2 – 60 所示的对话框，在该对话框中，显示了当前鼠标的常规、驱动程序和详细信息等内容。

7. 设置键盘

在"控制面板"中，选择查看方式"大图标"，单击"键盘"图标，打开"键盘属性"对话框，该对话框中有"速度"和"硬件"两个选项卡，如图 2 – 61 所示。

（1）选择"速度"选项卡，拖动"字符重复"中的"重复延迟"滑块，可调整在键盘上按住一个键需要多长时间才开始重复输入该键；拖动"重复速度"滑块，可调整输入重复字符的速率；在"光标闪烁速度"中拖动滑块，可调整光标的闪烁速度。

（2）选择"硬件"选项卡，如图 2 – 62 所示，显示了所用键盘的硬件信息，如设备的名称、类型、制造商、位置及设备状态等。单击"属性"按钮，可打开"键盘设备属性"对话框，如图 2 – 63 所示。在该对话框中，显示了当前键盘的常规、驱动程序和详细信息等内容。

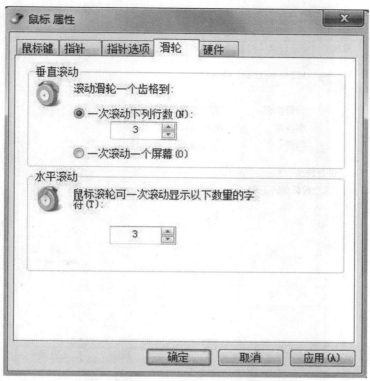

图 2 – 58 "滑轮"选项卡

图 2 – 59 "硬件"选项卡

图 2 - 60 "属性"对话框

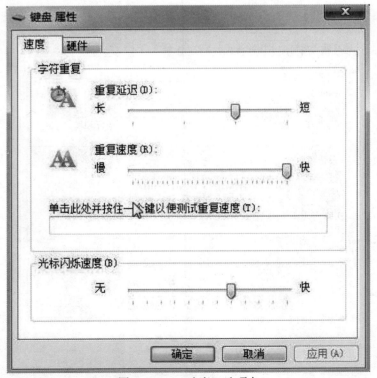

图 2 - 61 "速度"选项卡

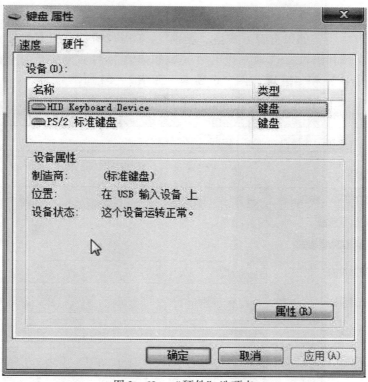

图 2 - 62　"硬件"选项卡

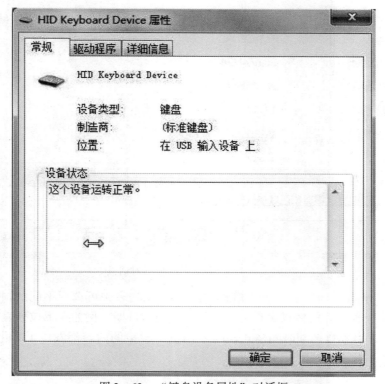

图 2 - 63　"键盘设备属性"对话框

8. 设置区域和语言选项

在"控制面板"中，如果查看方式是"类别"，单击"时钟、语言和区域"选项，进入新窗口，单击"区域和语言"选项，弹出"区域和语言"对话框，该对话框中有"格式""位置""键盘和语言"和"管理"四个选项卡，如图2-64所示。

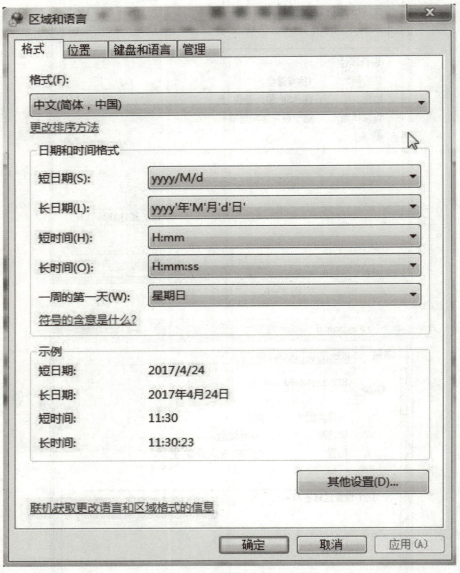

图2-64　"区域和语言"对话框

（1）选择"格式"选项卡，在"格式（F）"下拉列表中可选择不同的国家或区域，所选项会影响到某些程序如何格式化数字、货币、时间和日期。例如在下拉列表中选择"英语（英国）"，可以看到"日期和时间格式"与"示例"栏中的内容都发生了变化，如图2-65所示。

图 2－65　选择"英语（英国）"后的效果图

　　如果不喜欢系统提供的格式，可以自定义。单击右下角的"其他设置"按钮，弹出"自定义格式"对话框，该对话框有"数字""货币""时间"和"日期"四个选项卡。每个选项卡可以设置相应内容的格式。

　　（2）选择"位置"选项卡，有些软件（包括 Windows）可以为您提供特定位置的其他内容，有些服务为您提供诸如新闻和天气等当地信息，在"当前位置"的下拉列表中可以选择需要的国家和地区，如图 2－66 所示。

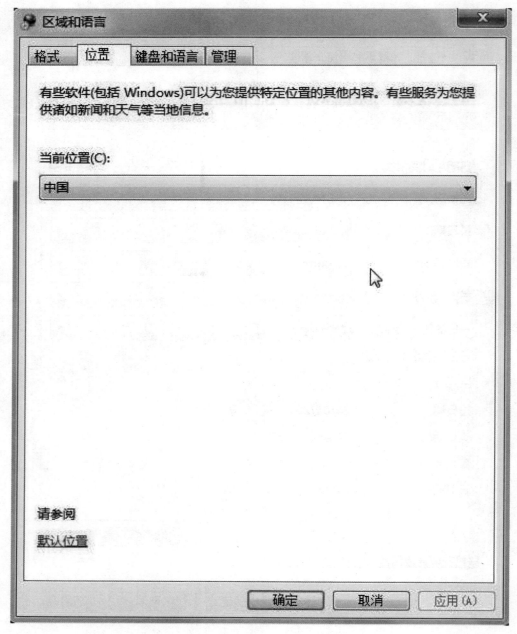

图 2 – 66   "位置"选项卡

（3）选择"键盘和语言"选项卡，如图 2 – 67 所示。要更改键盘或输入语言，可单击"更改键盘"按钮，打开"文本服务和输入语言"对话框，如图 2 – 68 所示。在"默认输入语言"的下拉列表框中可以选择其中一个已安装的输入语言，用作所有输入字段的默认语言。

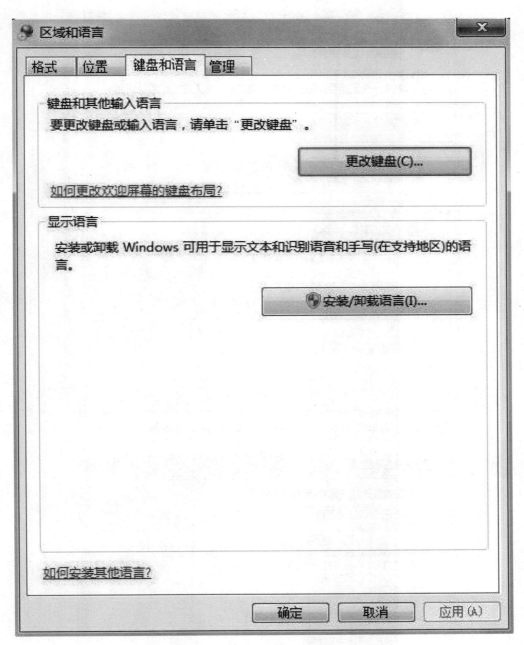

图 2-67 "键盘和语言"选项卡

(4) 在"已安装的服务"中可以添加和删除输入法,例如选中列表框中的"中文(简体)-微软拼音 ABC 输入风格",单击"删除"按钮进行删除操作。若单击"添加"按钮,弹出"添加输入语言"对话框,向下拖动垂直滚动条至底部,选择"简体中文全拼(版本6.0)",单击"确定"按钮,如图 2-69 所示。

图 2 –68　"文本服务和输入语言"对话框

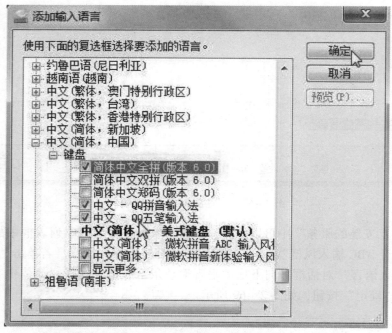

图 2 –69　"添加输入语言"对话框

9. 设置日期和时间

在"控制面板"中，如果查看方式是"类别"，单击"时钟、语言和区域"选项，进入新窗口，单击"日期和时间"选项，打开"日期和时间"对话框，该窗口包括"日期和时间""附加时钟"和"Internet 时间"三个选项卡，如图2－70所示。

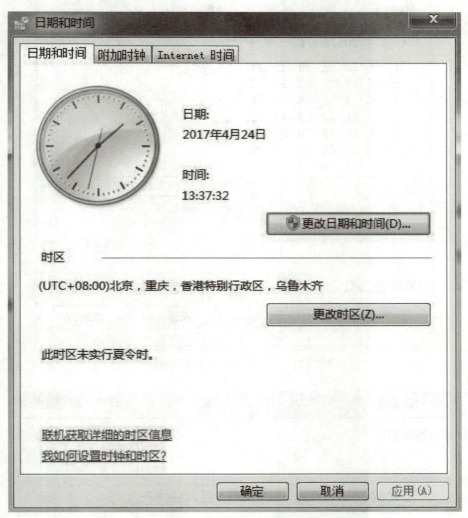

图 2－70　"日期和时间"设置对话框

（1）选择"日期和时间"选项卡，单击"更改日期和时间"按钮，打开"日期和时间设置"对话框，如图2－71所示。日期是用鼠标单击选择的方式进行设置的。右边的时钟下面是一个时间的微调控件，可以在文本框中双击时、分或秒，这时两个数字将被突出显示为蓝色，既通过键盘输入时间数字，也可以单击右侧上下箭头进行微调。

（2）单击"更改时区"按钮，打开"时区设置"对话框，通过时区的下拉列表可以调整时区，如图2－72所示。

（3）选择"附加时钟"选项卡，设置附加时钟可以显示其他时区的时间，如图2－73所示。可以通过单击任务栏时钟或悬停在其上来查看这些附加时钟。

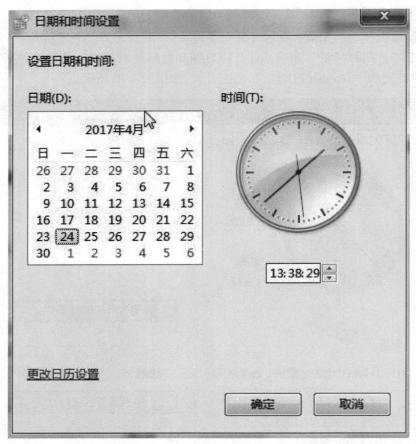

图 2 – 71   "日期和时间设置"对话框

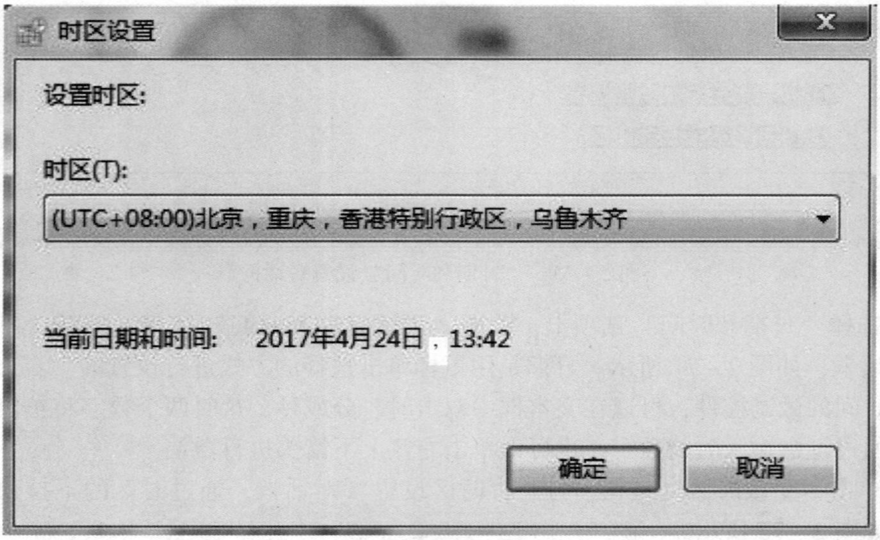

图 2 – 72   "时区设置"对话框

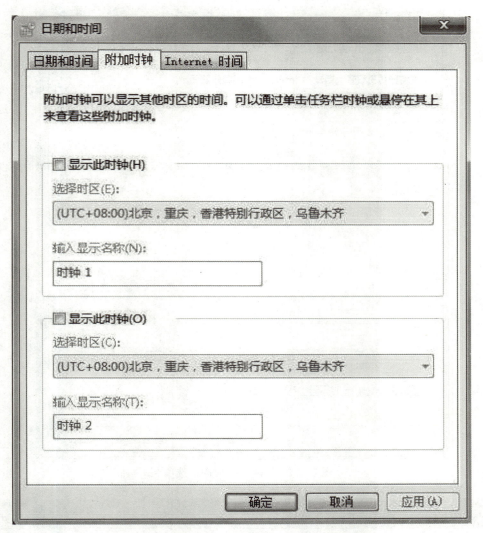

图 2 - 73　"附加时钟"选项卡

　　(4) 选择"Internet 时间"选项卡，如图 2 - 74 所示，在该选项卡中可以设置是否自动与 Internet 时间服务器同步。单击"更改设置"按钮，打开"Internet 时间设置"对话框，选中"与 Internet 时间服务器同步"复选框，单击"确定"按钮。

10. 显示系统信息

　　打开显示以下信息的窗口：运行 Windows 版本、安装的服务包以及处理器速度。保持窗口打开状态。操作步骤如下：

　　在"控制面板"中，如果查看方式是"类别"，单击"系统和安全"选项，进入新窗口，单击"系统"选项，进入"系统"窗口即可看到所要求的信息，如图 2 - 75 所示。

11. 开启"Windows 体验指数"

　　开启"Windows 体验指数"主要的操作方法如下：

图 2 - 74　"Internet 时间"选项卡

图 2 - 75　"系统"窗口

（1）右击桌面上的"计算机"图标，如果桌面上没有"计算机"图标，可单击"开始"按钮，右击"开始"菜单右窗格中的"计算机"，在弹出的快捷菜单中选择"属性"命令，如图2－76所示。

图2－76　选择"属性"命令

（2）弹出如图2－75所示的"系统"窗口，在系统信息栏中单击"Windows体验指数"，弹出显示"Windows体验指数"信息的窗口，如图2－77所示。

图2－77　"Windows体验指数"信息的窗口

12. 系统更新设置

Windows 7 操作系统更新的步骤如下：

（1）单击"开始"按钮，打开"控制面板"窗口，如果查看方式是"类别"，单击"系统和安全"选项，如图 2–78 所示。

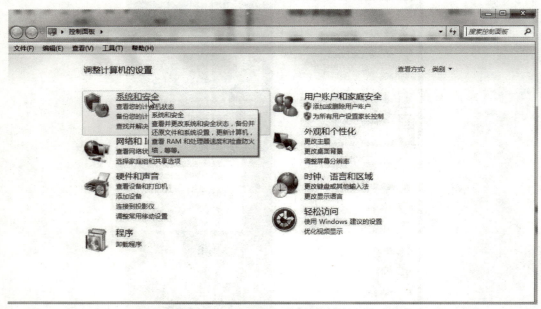

图 2–78　选择"系统和安全"选项

（2）进入"系统和安全"窗口，单击"Windows Update"选项，如图 2–79 所示。打开"Windows Update"窗口，单击"检查更新"，完成更新。

图 2–79　选择"Windows Update"选项

【任务总结】

本任务完成了 Windows 7 操作系统有关个性化桌面及桌面图标、属性的设置；任务栏、"开始"菜单、区域和语言选项的设置，时间和日期的更新；桌面显示图标的设置；鼠标和键盘的设置。

任务三　文件和文件夹的操作

【任务目标】

计算机中的资源是以文件及文件夹的形式保存的，在管理计算机资源的过程中，需要随时查看文件或文件夹，本任务将从以下几方面介绍文件及文件夹的使用方法：

（1）资源管理器的使用。

（2）文件夹的浏览、选定、创建、更名和删除。

（3）文件的属性设置。

（4）搜索文件和文件夹。

（5）回收站的使用。

（6）创建快捷方式。

（7）认识库。

【任务分析】

Windows 7 是微软新一代主打的操作系统，在文件管理方面作了诸多改进。掌握如何管理计算机中的文件和文件夹的方法，对后面的学习会有帮助。

【知识准备】

计算机中的文件是具有文件名的一组相关信息的集合。文件夹是用来协助人们管理计算机文件的，每一个文件夹对应一块磁盘空间，它提供了指向对应空间的地址，它没有扩展名，也就不像文件的格式那样用扩展名来标识。

【任务实施】

1. 启动资源管理器

在 Windows 7 的使用过程中，经常要对文件和文件夹进行各种管理操作，例如改变文件和文件夹的显示方式，创建和重命名文件，查看文件和文件夹属性，复制、移动和删除文件，创建快捷方式等。用户可以在 Windows 7 资源管理器中进行以上操作。启动资源管理器可使用以下几种方法来实现：

（1）单击"开始"菜单，选择"所有程序"下的"附件"选项，单击"Windows 资源管理器"，即可打开 Windows 资源管理器窗口，如图 2 – 80 所示。

（2）右击"开始"按钮，在弹出的快捷菜单中选择"打开 Windows 资源管理器"命令，可打开资源管理器。

图 2 - 80　"资源管理器"窗口

2. 浏览文件和文件夹

　　浏览 "E：\IC3" 路径下的文件和文件夹，并浏览子文件夹 "讲义"。操作方法如下：

　　（1）右击 "开始" 按钮，启动 Windows 资源管理器。

　　（2）在窗口左侧的 "导航窗格" 中，依次双击对应的文件夹，展开 "计算机" → "资料（E：）" → "IC3" 文件夹，右侧窗口中显示该文件夹中的所有文件和文件夹，如图 2 - 81 所示。也可以通过单击文件夹前面的三角形按钮进行操作。

　　（3）选中 "讲义" 文件夹，右侧窗口切换到显示 "讲义" 文件夹的内容，如图 2 - 82 所示。

　　在资源管理器中，如果一个文件夹包含下一层子文件夹，则在导航窗格中该文件夹的左边有一个三角形按钮，若三角形按钮为 ▷，表示该文件夹没有展开，看不到下一级文件夹；若三角形按钮为 ◢，表示该文件夹已经展开，可以看到下一级子文件夹，被选中文件夹的内容在右侧窗口中显示。单击文件夹前面的 ▷ 或按下键盘的加号（＋）键，可展开文件夹；单击文件夹前面的 ◢ 或按下键盘的减号（－）键，可折叠文件夹。

3. 创建新的文件和文件夹

　　在 "E：\IC3" 文件夹下创建子文件夹 "测试" 和子文件 "新文件.docx"，操作方法如下：

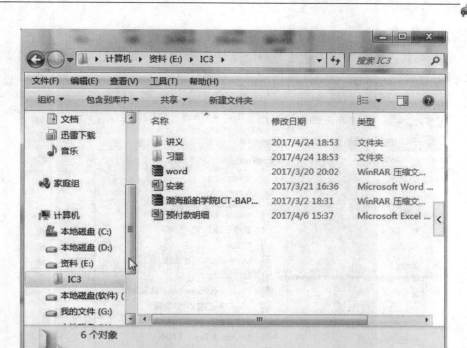

图 2 – 81　"E：\IC3"资源管理器窗口

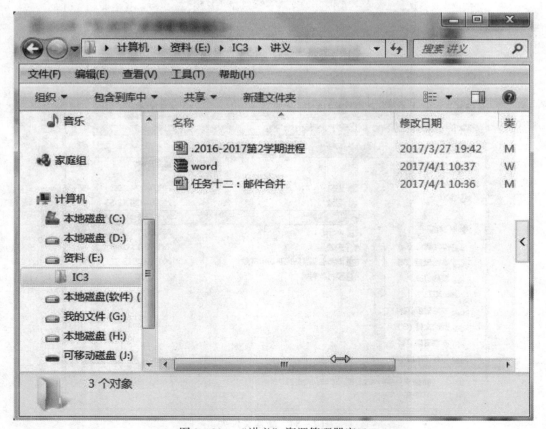

图 2 – 82　"讲义"资源管理器窗口

（1）打开资源管理器，并进入到"E:\IC3"文件夹。

（2）单击菜单"文件"→"新建"→"文件夹"命令，如图 2 - 83 所示，生成新文件夹如图 2 - 84 所示。

图 2 - 83　新建文件夹菜单项

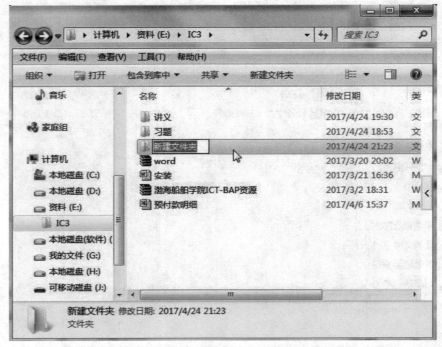

图 2 - 84　新建文件夹

（3）把"新建文件夹"改名为"测试"，按下"Enter"键，或单击窗口空白处。

（4）右击窗口空白处，在弹出的快捷菜单中选择"新建"→"Microsoft Word 文档"命令，如图 2－85 所示。

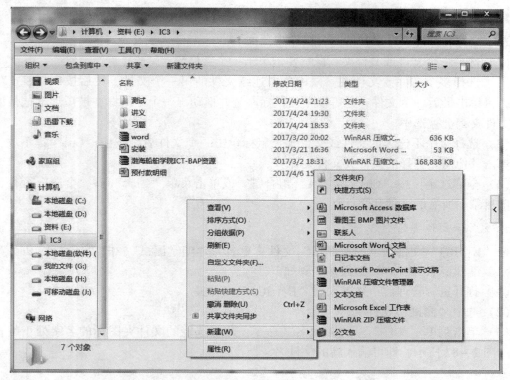

图 2－85　新建文件

（5）把新建的 Microsoft Word 文档改名为"新文件.docx"，如图 2－86 所示，按下"Enter"键，或单击窗口空白处。至此，"测试"文件夹"新文件.docx"子文件创建成功。

图 2－86　文档改名为"新文件.docx"

若不想显示文件的扩展名，单击菜单"工具"→"文件夹选项"命令，在弹出的窗口中选择"查看"选项卡，在"高级设置"列表框中选中"隐藏已知文件类型的扩展名"复选框即可。

4. 选定文件和文件夹

选定文件和文件夹有多种情况，操作步骤如下：

（1）选择一个文件或文件夹：鼠标左键单击一个文件。

（2）选择多个文件或文件夹：鼠标单击连续文件的第一个文件，然后按住"Shift"键不放，再单击最后一个文件；也可以按住鼠标左键并拖动出一个矩形框，被矩形框框信的文件或文件夹都会被选中。

（3）选择多个不连续的文件或文件夹：鼠标单击一个文件后，按住"Ctrl"键不放，再依次单击其他需要选择的文件或文件夹即可。

（4）全部选定：按"Ctrl"+"A"组合键，或单击菜单"编辑"→"全选"命令，选中当前目录下所有的文件和文件夹。

5. 文件和文件夹的更名

把"E:\IC3"文件夹下的"测试"文件夹更名为"随堂测试"，把"新文件.docx"更名为"教学知识点.docx"。其操作步骤如下：

（1）打开资源管理器，并进入到"E:\ IC3"文件夹。

（2）选中"测试"文件夹。

（3）单击菜单"文件"→"重命名"命令，此时选定的文件夹图标的名字处于编辑状态，如图2-87所示，即可输入新的文件名。

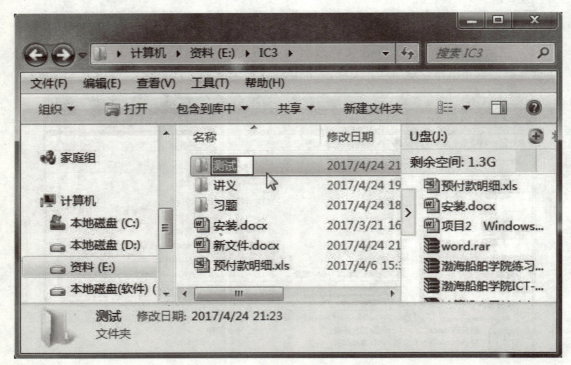

图2-87 "测试"待重命名效果图

（4）把"测试"重命名为"随堂测试"。

（5）按下"Enter"键，或单击窗口空白处。

（6）选中"新文件.docx"。

（7）右击该文件，在弹出的快捷菜单中选择"重命名"命令。

（8）把"新文件.docx"重命名为"教学知识点.docx"。

（9）按下"Enter"键，或单击窗口空白处，修改后的效果图如图2-88所示。

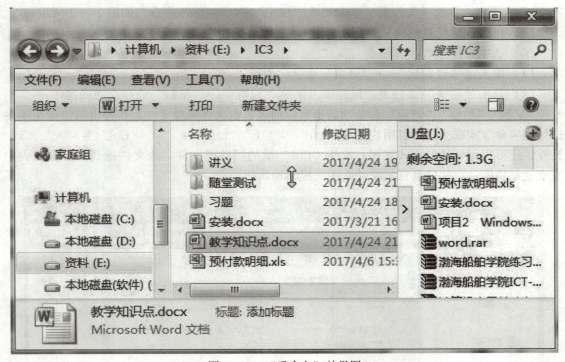

图2-88　"重命名"效果图

需要注意的是，文件或文件夹重命名还可以按"F2"键，重命名时切记不要改动文件的扩展名。

6. 删除文件或文件夹

删除"E:\IC3"文件夹中的"工作表.xlsx"文件，操作步骤如下：

（1）打开资源管理器，选择"E:\IC3"文件夹。

（2）选中"工作表.xlsx"文件。

（3）单击菜单"文件"→"删除"命令，弹出如图2-89所示的"删除文件"对话框。

（4）单击对话框中的"是（Y）"按钮，完成删除操作，删除的文件被放入回收站；单击"否（N）"按钮，则放弃删除对象。

"删除"操作通过以下方法也可以实现：单击菜单"文件"→"删除"命令；右键文件或文件夹，在弹出的快捷菜单中选择"删除"命令；按键盘上的"Delete"键。

在选择"删除"命令的同时按下"Shift"键，则删除的文件或文件夹不放入回收站，而是直接从硬盘删除，如图2-90所示。

7. 复制与移动文件和文件夹

把"E:\IC3"文件夹中的"随堂测试"文件夹复制到"习题"文件夹中，把"教学知识点.docx"文件移动到"讲义"文件夹中，操作步骤如下：

（1）打开资源管理器，并进入到"E:\IC3"文件夹。

（2）选中文件夹"随堂测试"。

（3）鼠标单击菜单"编辑"→"复制"命令，如图2-91所示。

（4）双击"习题"文件夹，单击菜单"编辑"→"粘贴"命令，如图2-92所示。

（5）单击地址栏左侧的"返回"按钮，退回到"IC3"文件夹。

（6）选中文件"教学知识点.docx"。

（7）单击菜单"编辑"→"剪切"命令，如图2-93所示。

（8）双击"讲义"文件夹，鼠标单击菜单"编辑"→"粘贴"命令，完成操作。

"复制""粘贴""剪切"命令功能也可以通过右击文件夹或文件，在弹出的快捷菜单中选择相应命令实现，还可以用快捷键"Ctrl"+"C""Ctrl"+"V""Ctrl"+"X"实现。另外，还可以用拖动的方式实现，按住"Ctrl"键的同时把文件夹或文件拖到目标文件夹中完成复制功能，直接拖到目标文件夹中完成移动功能。

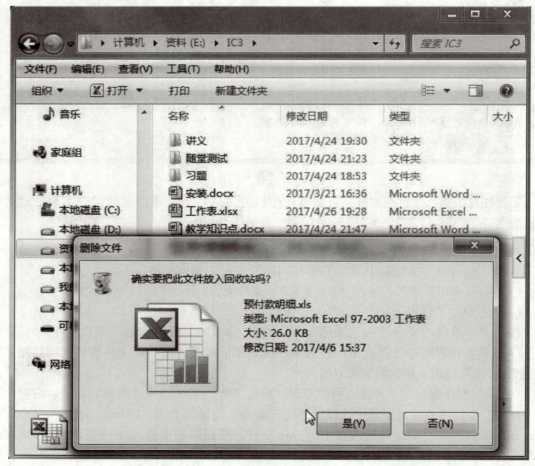

图2-89　"删除文件"对话框

图2-90　确认"永久删除文件"对话框

图2-91　选择"复制"命令

信息技术基础——案例与习题（上）

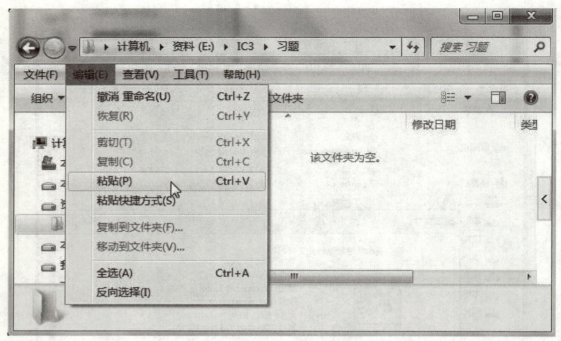

图 2-92 选择"粘贴"命令

图 2-93 选择"剪切"命令

8. 设置文件和文件夹查看方式

在 Windows 7 中，用户可以使用 8 种不同的方式查看文件夹中的内容。这 8 种方式分别为：超大图标、大图标、中等图标、小图标、列表、详细信息、平铺和内容，与其相关的操作步骤如下：

（1）打开资源管理器，并进入到"E:\IC3"文件夹。

（2）单击菜单"查看"→"大图标"命令，结果如图2-94所示，超大图标与小图标主要是尺寸不同，形式基本相同，不再详述。

图2-94　"大图标"查看效果图

（3）单击菜单"查看"→"列表"命令，结果如图2-95所示。

（4）单击菜单"查看"→"详细信息"命令，结果如图2-96所示。

（5）单击菜单"查看"→"平铺"命令，结果如图2-97所示。

（6）单击菜单"查看"→"内容"命令，结果如图2-98所示。

切换不同的查看方式还有两种：一是使用窗口右上角的"更改您的视图"按钮，如图2-99所示；二是在窗口空白处单击鼠标右键，在弹出的快捷菜单中选择"查看"菜单项。

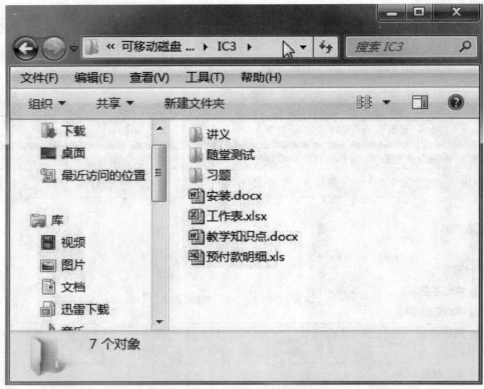

图 2 – 95　"列表"查看效果图

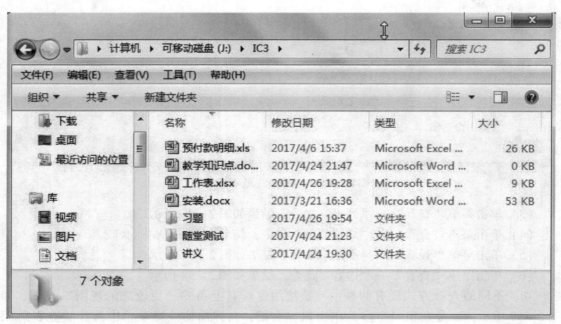

图 2 – 96　"详细信息"查看效果图

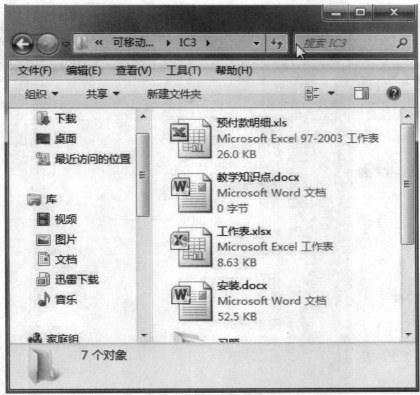

图 2 – 97 "平铺"查看效果图

图 2 – 98 "内容"查看效果图

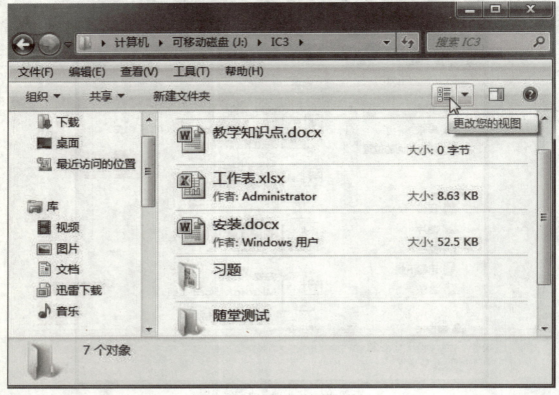

图 2-99   "更改您的视图"按钮

9. 设置文件和文件夹的排序方式

在 Windows 7 中，文件夹中的子文件夹和文件可以有不同的排序方式，操作步骤如下：

（1）打开资源管理器，并进入到"E:\IC3"文件夹，新建一个演示文稿文件，命名为"计算机.pptx"，以便后续操作。

（2）选择"查看"→"详细信息"命令，如图 2-96 所示。

（3）单击菜单"查看"→"排序方式"→"名称"命令，效果如图 2-100 所示。

（4）单击菜单"查看"→"排序方式"→"修改日期"命令，效果如图 2-101 所示。

（5）单击菜单"查看"→"排序方式"→"类型"命令，效果如图 2-102 所示。

（6）单击菜单"查看"→"排序方式"→"大小"命令，效果如图 2-103 所示。

切换文件夹的排序方式有两种：一是使用"查看"→"排序方式"菜单项；二是右击窗口空白处，在弹出的快捷菜单中选择"查看"→"排序方式"菜单项。

10. 查看和设置文件或文件夹属性

查看"E:\IC3"文件夹的子文件夹"随堂测试"的属性，并设置成隐藏文件；查看子文件夹"习题"的属性，将其设置成共享文件夹，并更改其图标；查看子文件"文档.docx"，将其属性设置成"只读"和"隐藏"；显示隐藏的文件和文件夹。操作步骤如下：

（1）右击子文件夹"随堂测试"，在弹出的快捷菜单中选择"属性"命令，打开"随堂测试属性"对话框，选中"隐藏"复选框，如图 2-104 所示。

图 2 - 100　按"名称"排序

图 2 - 101　按"修改日期"排序效果图

图 2 – 102　按"类型"排序效果图

图 2 – 103　按"大小"排序效果图

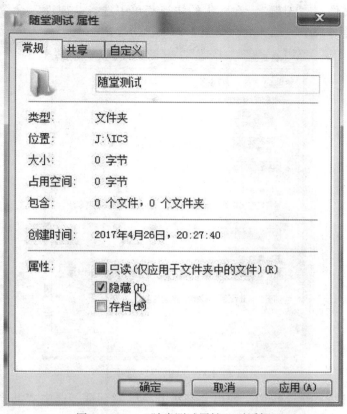

图 2 – 104　"随堂测试属性"对话框

（2）单击"确定"按钮，弹出"确认属性更改"对话框，选中"将更改应用于此文件夹、子文件夹和文件"单选按钮，单击"确定"按钮，如图 2 – 105 所示。

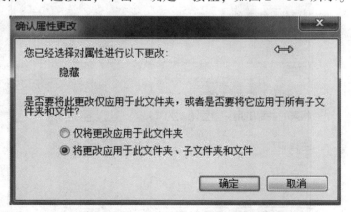

图 2 – 105　"确认属性更改"对话框

温馨提示：如果"随堂测试"文件夹图标并没有隐藏，但是图标变成虚像，可作进一步设置，单击菜单"工具"→"文件夹选项"命令，在弹出的窗口中选择"查看"选项卡，在"高级设置"列表框中选中"不显示隐藏的文件、文件夹或驱动器"，然后单击"确定"按钮，此时窗口中的"随堂测试"文件夹消失。

（3）右击子文件夹"习题"，在弹出的快捷菜单中选择"属性"命令，打开"习题属性"对话框。选择"共享"选项卡，如图 2 - 106 所示。

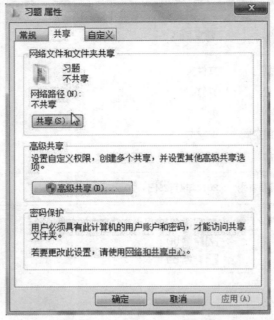

图 2 - 106　"共享"选项卡

（4）单击"高级共享"按钮，弹出"高级共享"对话框，选中"共享此文件夹"复选框，单击"确定"按钮，如图 2 - 107 所示。

图 2 - 107　"高级共享"对话框

（5）选择"自定义"选项卡，如图 2 - 108 所示。

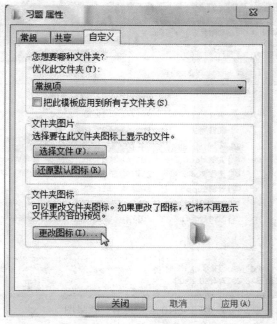

图 2 - 108　　"自定义"选项卡

（6）单击"更改图标"按钮，弹出"为文件夹习题更改图标"对话框，选择其中一个图标，如图 2 - 109 所示。

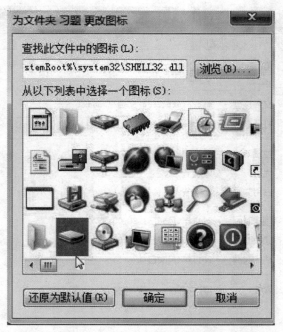

图 2 - 109　　"为文件夹习题更改图标"对话框

（7）单击"确定"按钮，回到"习题属性"对话框，再单击"确定"按钮，完成设置，效果如图 2 - 110 所示，可以看到"习题"文件夹图标已经改变，而且窗口底部的细节窗格显示"习题"文件夹的状态为已共享。

图 2 - 110   "共享"效果图

（8）右击文件"文档. docx"，在弹出的快捷菜单中选择"属性"命令，打开"文档. docx 属性"对话框，选中"属性:"栏中的"只读"和"隐藏"复选框，单击"确定"按钮，如图 2 - 111 所示。

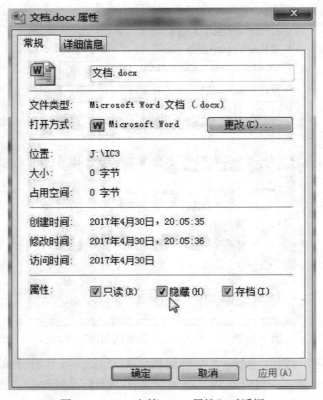

图 2 - 111   "文档. docx 属性"对话框

（9）此时"文档.docx"消失，要显示被隐藏的文件或文件夹，单击菜单"工具"→"文件夹选项"命令，打开"文件夹选项"对话框，选择"查看"选项卡，选中"显示隐藏的文件、文件夹和驱动器"单选按钮，如图2－112所示。

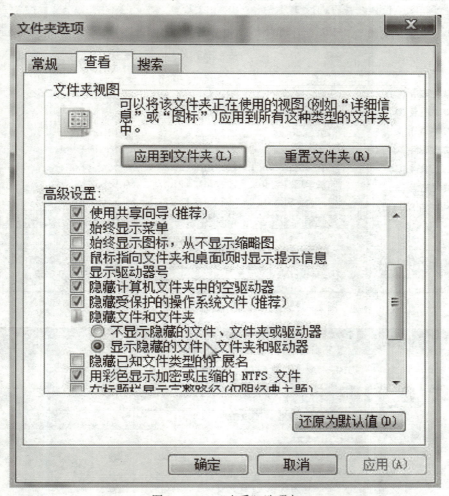

图2－112　"查看"选项卡

（10）单击"确定"按钮，效果如图2－113所示。

（11）双击打开"文档.docx"文件，可以看到标题栏显示"文档.docx（只读）"，输入文字"你好!"，单击"保存"按钮 ，弹出"另存为"对话框，如图2－114所示。体现了"文档.docx"的只读属性，即只能读取不能修改。

11. 搜索文件和文件夹

搜索"计算机"中的"讲义"文件夹和"E：\IC3"文件夹中的"第2学期进程.xlsx"文件，操作步骤如下：

（1）进入"计算机"窗口，在窗口右上角的搜索框中输入"讲义"，计算机会自动搜索并显示符合条件的结果，如图2－115所示。

图 2-113　显示隐藏的文件和文件夹效果图

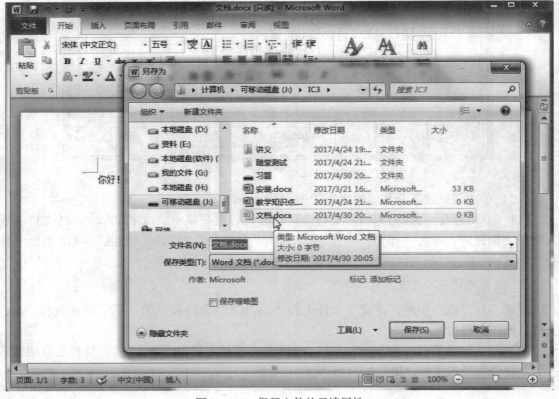

图 2-114　保留文件的只读属性

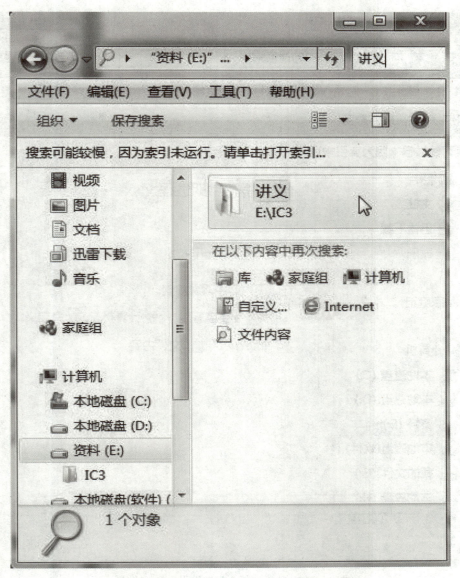

图2－115　搜索"讲义"结果

（2）启动资源管理器，进入"E：\IC3"文件夹，在窗口右上角的搜索框中输入"第2学期进程.xlsx"，计算机会自动搜索并显示符合条件的结果，如图2－116所示。

12. 使用回收站

在Windows 7操作系统中，回收站是设置在计算机硬盘上的一个特定区域，系统将用户从硬盘中删除的文件、文件夹或快捷方式暂存到回收站。回收站中的内容可以被还原到原位置，也可以清空回收站永久删除里面的内容。

例如：删除"E：\IC3"文件夹中的子文件夹"随堂测试"和子文件"文档.docx"，然后进入回收站，把"随堂测试"文件夹还原，把"文档.docx"从计算机中永久性删除，再清空回收站。具体操作步骤如下：

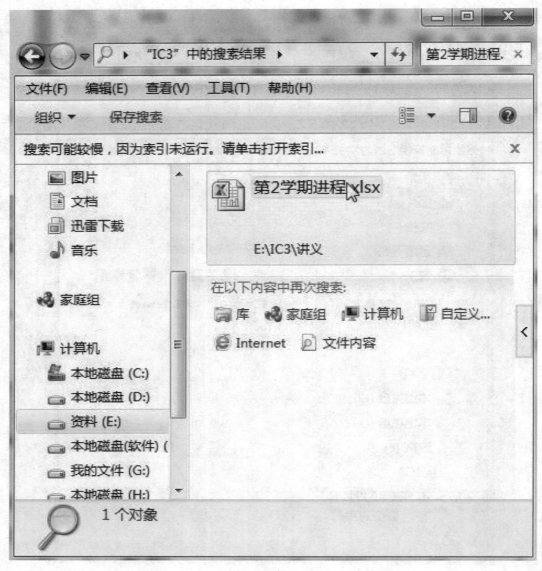

图 2 – 116　搜索"第 2 学期进程 . xlsx"结果

（1）打开资源管理器，并进入到"E:\IC3"文件夹。

（2）删除"E:\IC3"文件夹中的子文件夹"随堂测试"和子文件"文档 . docx"。

（3）双击桌面上的"回收站"图标，打开回收站，如图 2 – 117 所示。

（4）右击"随堂测试"文件夹，在弹出的快捷菜单中选择"还原"命令，如图 2 – 118 所示。

（5）右击"文档 . docx"文件，在弹出的快捷菜单中选择"删除"命令。

（6）单击菜单"文件"→"清空回收站"命令或单击工具栏上的"清空回收站"按钮，如图 2 – 119 所示，弹出"删除多个项目"对话框，如图 2 – 120 所示。

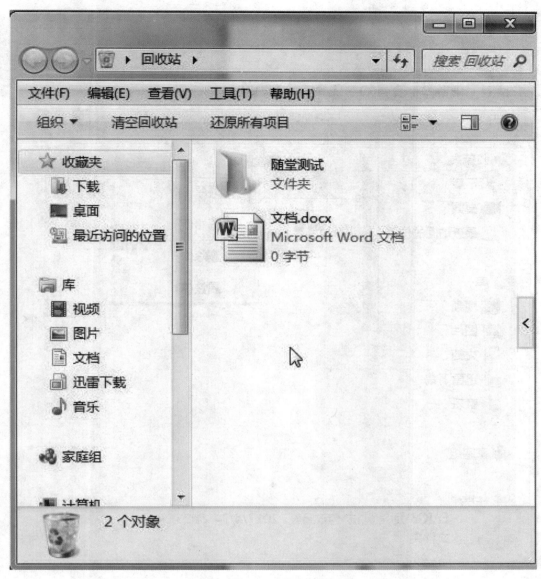

图2-117　"回收站"窗口

(7) 选择"是"按钮，完成清空回收站。

右击"回收站"图标，在弹出的快捷菜单中选择"属性"命令，然后选择"常规"选项卡，如图2-121所示，选中"不将文件移到回收站中。移除文件后立即将其删除（R）。"单选按钮，可以直接将文件删除而不是放入回收站；若取消选中"显示删除确认对话框"复选框，在删除文件时不显示删除确认对话框。

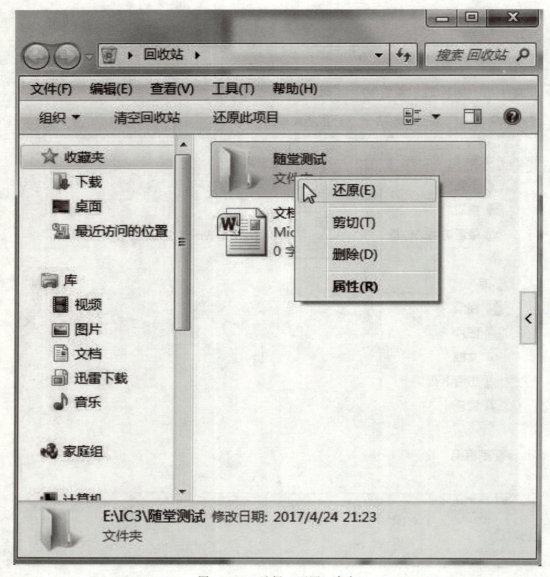

图 2 – 118   选择"还原"命令

13. 创建快捷方式

在文件的使用过程中，为了方便操作，用户可以为经常使用的文件或文件夹创建快捷方式，例如在桌面上创建"E:\IC3"的快捷方式，快捷方式的名称为"我的 IC3"，具体操作步骤如下：

（1）右击桌面空白处，在弹出的快捷菜单中选择"新建"→"快捷方式"命令，弹出如图 2 – 122 所示的对框。

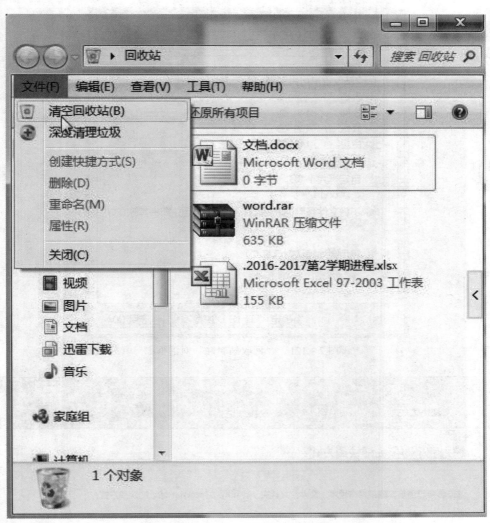

图2-119　清空回收站

图2-120　确认删除多个文件对话框

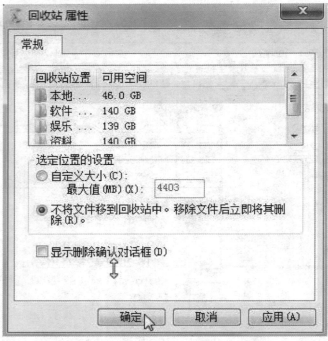

图 2 – 121　　"回收站属性"对话框

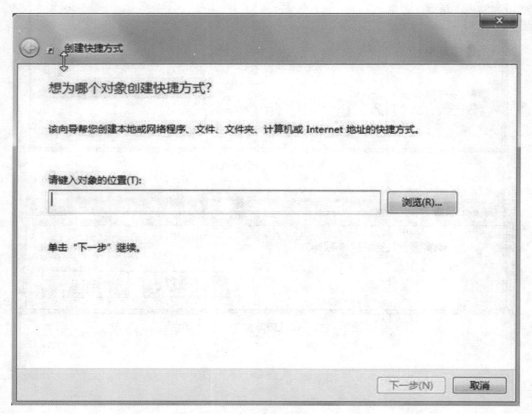

图 2 – 122　　"创建快捷方式"对话框

（2）可直接在"请键入对象的位置"的文本框中输入"E：\IC3"或者单击"浏览"按钮，弹出"浏览文件或文件夹"窗口，选择"计算机"→"资料（E：）"→"IC3"，单击"确定"按钮，如图2－123所示。

图2－123　"浏览文件或文件夹"对话框

（3）在图2－122中单击"下一步"按钮，进入新界面，在"键入该快捷方式的名称"的文本框中输入"我的IC3"，单击"完成"按钮，如图2－124所示。

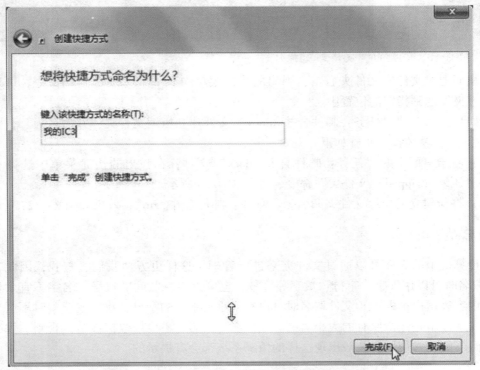

图2－124　键入该快捷方式的名称

（4）单击"完成"按钮，此时桌面上出现快捷方式图标"我的 IC3"，如图 2 – 125 所示。

图 2 – 125　"我的 IC3"快捷方式

> **温馨提示**：如果在窗口中创建快捷方式，可以单击菜单"文件"→"新建"→"快捷方式"命令；如果创建的快捷方式与原文件在同一目录下，可直接右击该文件，在弹出的快捷菜单中选择"创建快捷方式"命令。

14. 文件与文件夹的"发送到"操作

在桌面上对文件或文件夹右击，弹出的快捷菜单中有一个"发送到"命令，可以将文件或文件夹发送到指定的位置中。

例如为桌面上的"任务：邮件合并.docx"文件建立压缩文件夹，并命名为"任务：邮件合并.zip"。具体操作步骤如下：

（1）右击桌面上的"任务：邮件合并.docx"文件，在弹出的快捷菜单中选择"发送到"→"压缩（zipped）文件夹"命令，如图 2 – 126 所示。

（2）将新建立的压缩文件夹命名为"任务：邮件合并.zip"，效果如图 2 – 127 所示。

【任务总结】

对计算机中的文件可以通过文件夹来进行管理，这样更方便我们去查找，因此，文件（夹）取名时可以用汉字、字母、数字等符号，也可以用一些间隔符号，名字不宜太长，能将主题内容表达出来即可。文件取名时可以有大小写不同的字母，我们在搜索时不区分大小写，但名字显示是保留原有的大小写的。文件在重命名时不要修改扩展名，否则文件会被损坏，导致不能正常使用，一般出现这样的情况系统都会有提示的。

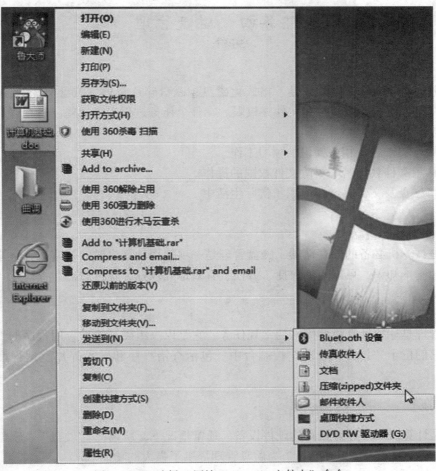

图2-126　选择"压缩（zipped）文件夹"命令

图2-127　"任务：邮件合并.zip"文件夹

任务四　磁盘管理

【任务目标】

本任务即将完成查看磁盘属性、格式化磁盘、磁盘碎片整理、磁盘文件的移动与复制、文件和文件夹加密、更改文件和文件夹权限。在整个任务过程中，期望读者在操作技能方面能够掌握以下几点：

（1）做好关于磁盘相关知识的预习工作。

（2）熟悉文件夹加密和更改文件权限的操作。

（3）将磁盘及文件夹操作应用于实际生活中。

【任务分析】

磁盘是计算机必备的外存储器，磁盘管理是一项使用计算机时的日常任务，掌握有关计算机管理的基本知识，可以更加快捷、方便、有效地处理好计算机磁盘。

【知识准备】

磁盘管理是一项计算机使用时的常规任务，它是以一组磁盘管理应用程序的形式提供给用户的，它们位于"计算机管理"控制台中。包括查错程序和磁盘碎片整理程序以及磁盘整理程序。

【任务实施】

磁盘是计算机用于存储数据的硬件设备。通常情况下，所谓的"硬盘""软盘"其实是硬磁盘和软磁盘的简称。Windows 7 为磁盘管理提供了强大的功能。

1. 查看磁盘属性

（1）双击桌面上的"计算机"图标，进入"计算机"窗口。右击 C 盘，在弹出的快捷菜单中选择"属性"命令，如图 2 – 128 所示。

> 温馨提示：也可以通过单击菜单"文件"→"属性"命令，打开属性对话框。

（2）弹出"本地磁盘（C:）属性"对话框，如图 2 – 129 所示。"本地磁盘（C:）属性"对话框有七个选项卡：常规、工具、硬件、共享、安全、以前的版本和配额。

（3）查看"常规"选项卡，该选项卡包括磁盘的类型、文件系统、磁盘容量、已用空间和可用空间等信息。

（4）选择"工具"选项卡，该选项卡包括：查错、碎片整理和备份等信息，如图 2 – 130 所示。

（5）选择"硬件"选项卡，该选项卡包括所有磁盘驱动器和设备属性信息，如图 2 – 131 所示。

（6）选择"共享"选项卡，该选项卡可以设置磁盘共享，如图 2 – 132 所示。

（7）选择"安全"选项卡，该选项卡可以设置用户对文件和文件夹的权限，如图 2 – 133 所示。

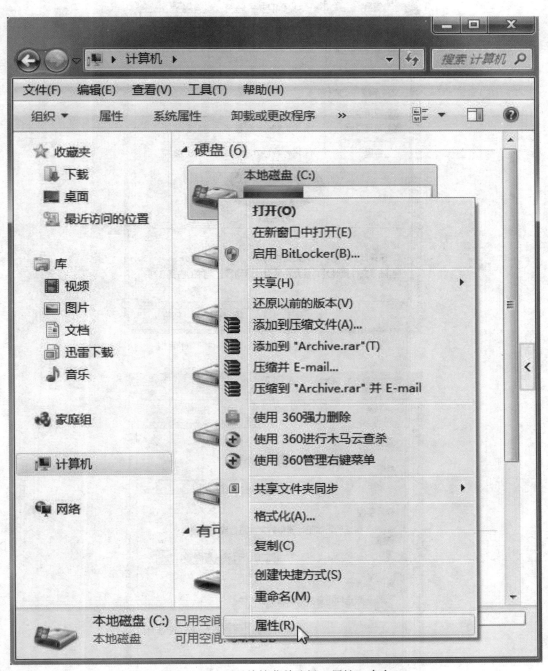

图 2 – 128　通过快捷菜单选择"属性"命令

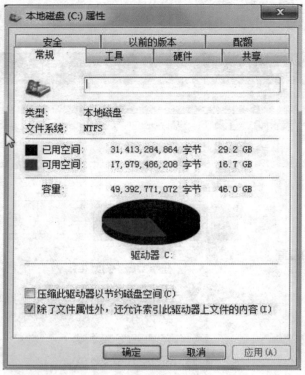

图 2 – 129　"本地磁盘（C:）属性"对话框

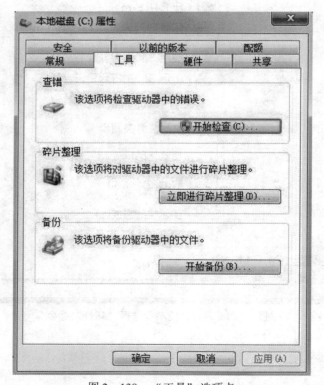

图 2 – 130　"工具"选项卡

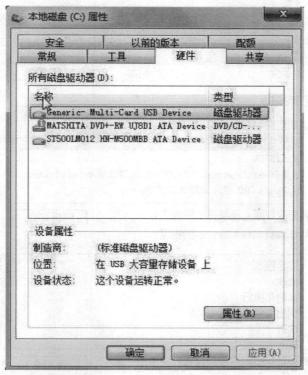

图2－131 "硬件"选项卡

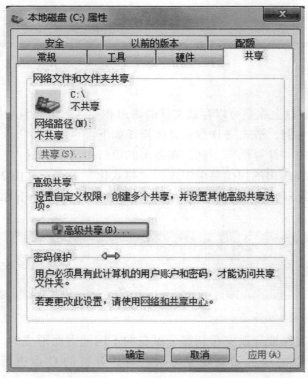

图2－132 "共享"选项卡

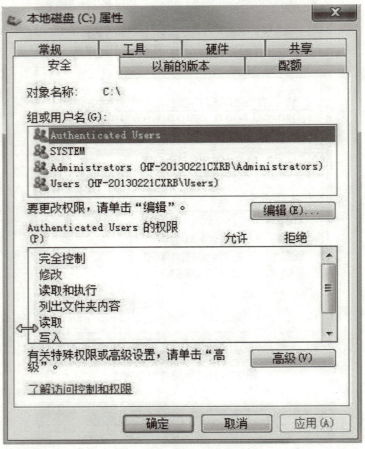

图 2 − 133　"安全"选项卡

2. 格式化磁盘

格式化磁盘是在磁盘上建立可以存放文件的磁道和扇区，把磁盘初始化成操作系统能够接受的格式。以 D 盘为例，格式化 D 盘。具体操作如下：

（1）双击桌面上的"计算机"图标，在弹出的窗口中选中 D 盘。

（2）右击 D 盘，在弹出的快捷菜单中选择"格式化"命令，如图 2 − 134 所示。

（3）进入格式化窗口，在这个窗口中单击"开始"按钮，即开始对 D 盘进行格式化，如图 2 − 135 所示。

> **温馨提示**：格式化磁盘将删除磁盘上的所有信息，在格式化前要注意备份有用文件。在如图 2 − 135 所示的"格式化"对话框中，选中"快速格式化"复选框，表示格式化时不扫描磁盘的坏扇区而直接从磁盘上删除文件。

3. 磁盘碎片整理

磁盘碎片是因为文件被分散保存到整个磁盘的不同地方而形成的。磁盘碎片过多会引起系统性能下降，严重的还会缩短硬盘寿命。对计算机的 C 盘进行碎片整理的具体操作如下：

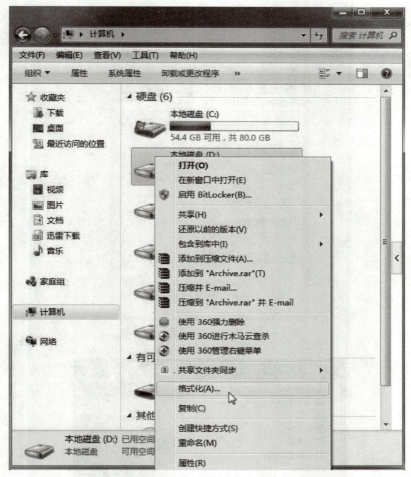

图 2 - 134　"格式化"命令

（1）选择"开始"→"所有程序"→"附件"→"系统工具"→"磁盘碎片整理程序"命令，如图 2 - 136 所示。

（2）弹出如图 2 - 137 所示的"磁盘碎片整理程序"窗口，在该窗口中显示了磁盘的一些状态和系统信息。选择 C 磁盘，单击"磁盘碎片整理"按钮，系统开始分析并进行磁盘整理。

温馨提示：为了更好地确定磁盘是否需要立即进行碎片整理，可以单击"分析磁盘"按钮，先进行分析。即使系统未建议整理碎片，也应进行整理，以提高访问效率。

4. 磁盘清理

磁盘清理可以减少硬盘上不需要的文件数量，以释放磁盘空间并让计算机运行得更快。该程序可删除临时文件、清空回收站并删除各种系统文件和其他不再需要的项。

在 C 盘上运行磁盘清理。删除"Internet 临时文件"和"回收站"文件。（注：接受所有其他默认设置。）

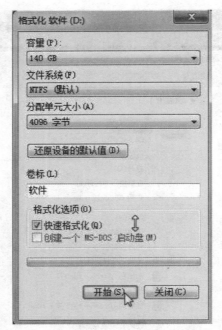

图 2 – 135　磁盘"格式化"对话框

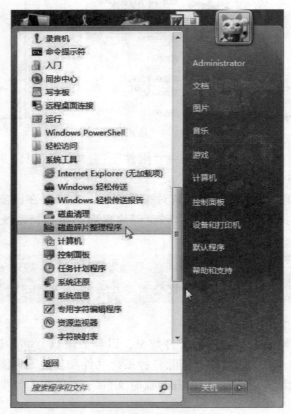

图 2 – 136　选择"磁盘碎片整理程序"命令

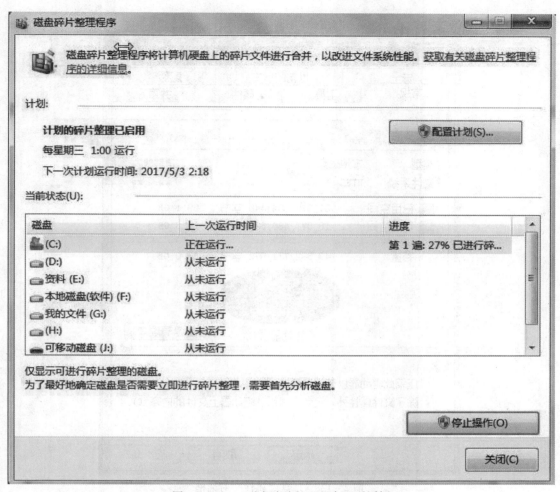

图2-137 "磁盘碎片整理程序"对话框

（1）进入"计算机"窗口，右击C盘，在弹出的快捷菜单中选择"属性"命令，弹出C盘"属性"对话框，如图2-138所示。

（2）单击"磁盘清理"按钮，弹出"磁盘清理"计算C盘释放空间的对话框，如图2-139所示。

（3）计算完成后，弹出"（C：）的磁盘清理"对话框，如图2-140所示。

（4）按照题目要求，仅选中"Internet临时文件"和"回收站"复选框，其余预设选项取消选中，单击"确定"按钮，如图2-141所示。

（5）弹出"磁盘清理"确认对话框，如果确实要永久删除这些文件，单击"删除文件"按钮。弹出"磁盘清理"过程对话框，如图2-142所示，清理完成后对话框自动关闭。

（6）回到C盘"属性"对话框，单击"确定"按钮即可。

温馨提示："磁盘碎片整理"和"磁盘清理"功能还可以通过选择"控制面板"→"系统和安全"，在"管理工具"下面的选项组中找到相应的选项来实现，如图2-143所示。

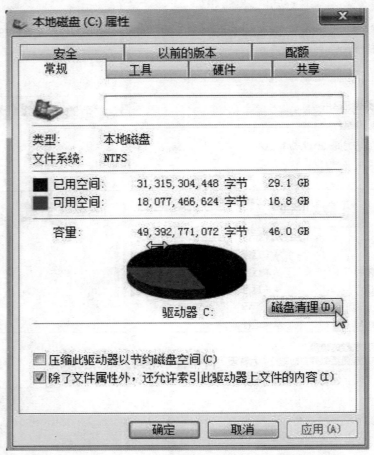

图 2 – 138　C 盘 "属性" 对话框

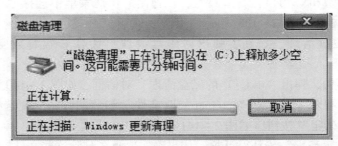

图 2 – 139　"磁盘清理" 计算 C 盘释放空间的对话框

图 2 – 140　"（C:）的磁盘清理"对话框

图 2 – 141　仅选中"Internet 临时文件"和"回收站"复选框

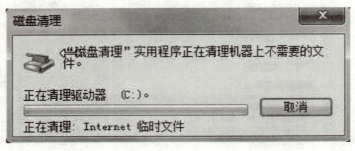

图 2-142 "磁盘清理"过程对话框

图 2-143 "系统和安全"窗口

5. 磁盘文件的移动

移动文件或文件夹是指将选中的文件或文件夹移到目标文件夹下，原来位置的源文件或文件夹不存在了。例如：将 D 盘根目录"素材 1"文件夹移动到 E 盘根目录下。

（1）选中 D 盘根目录"素材 1"文件夹，选择菜单"编辑"→"剪切"命令，如图 2-144 所示。

（2）选中目标位置 E 盘，选择菜单"编辑"→"粘贴"命令，如图 2-145 所示。完成操作。

6. 磁盘文件的复制

复制文件或文件夹是指将选中的文件或文件夹，在目标位置也放一份，源文件或文件夹还存在。例如将 D 盘根目录中的"素材 2"文件夹复制到 E 盘根目录下。

（1）选中 D 盘根目录中的"素材 2"文件夹，选择菜单"编辑"→"复制"命令，如图 2-146 所示。

（2）选中目标位置 E 盘，选择菜单"编辑"→"粘贴"命令，如图 2-147 所示。完成操作。

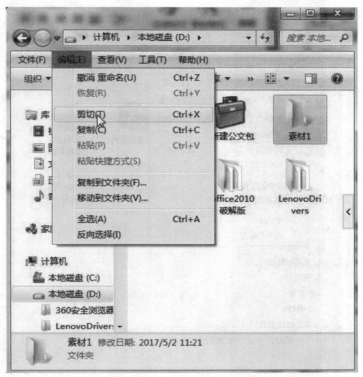

图 2 – 144　"剪切"文件夹

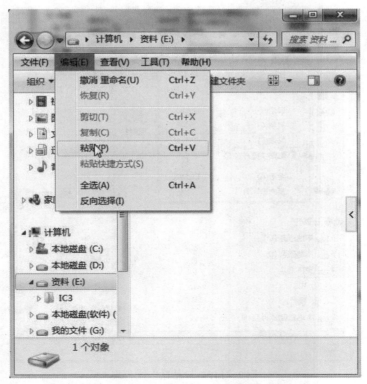

图 2 – 145　"粘贴"文件夹

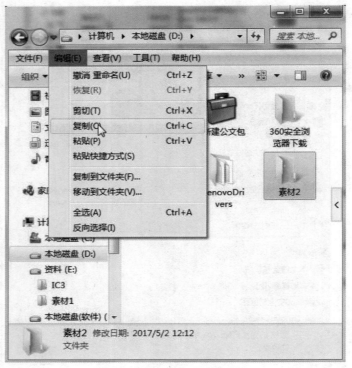

图 2 – 146　　"复制"文件夹

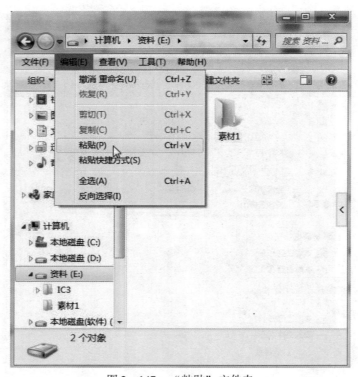

图 2 – 147　　"粘贴"文件夹

> **温馨提示**：磁盘文件的移动与复制功能也可以通过右击文件夹或文件，在弹出的快捷菜单中选择命令来实现，还可以用快捷键"Ctrl"＋"C"、"Ctrl"＋"V"、"Ctrl"＋"X"来实现。另外，还可以在资源管理器中用拖动的方式实现。

7. 文件和文件夹加密

通过对文件和文件夹设置加密，可以保护自己的信息不受到他人的侵犯，将"E：\IC3"文件夹中的文件"讲义"加密，其操作步骤如下：

（1）打开"计算机"或"Windows 资源管理器"窗口，进入"E：\IC3"，选中"讲义"文件夹，选择菜单"文件"→"属性"命令，弹出"讲义属性"对话框，在"常规"选项卡中，选择"高级"按钮，如图 2 – 148 所示。

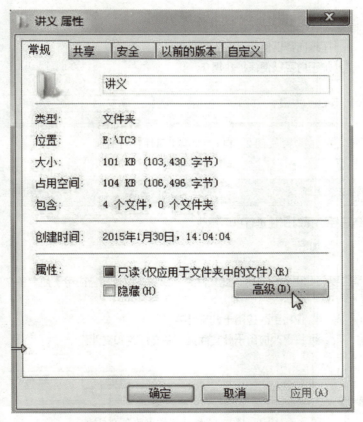

图 2 – 148　"讲义属性"对话框

（2）弹出"高级属性"对话框，选中"压缩或加密属性"选项组中的"加密内容以便保护数据"复选框，单击"确定"按钮，如图 2 – 149 所示。

（3）返回"讲义属性"对话框，再单击"确定"按钮，弹出"确认属性更改"对话框，若要使文件夹和其中的内容都被加密，选中"将更改应用于此文件夹、子文件夹和文件"单选按钮，单击"确定"按钮完成操作，如图 2 – 150 所示。

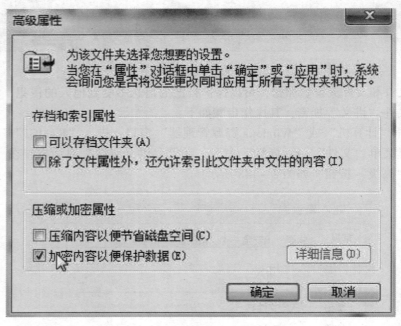

图 2 – 149   "高级属性"对话框

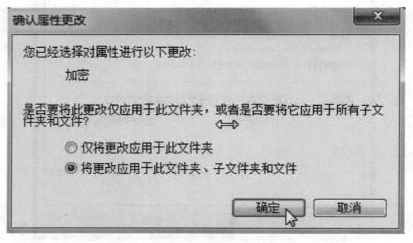

图 2 – 150   "确认属性更改"对话框

温馨提示：在加密过程中还要注意：只可以加密 NTFS 分区卷上的文件和文件夹，FAT 分区卷上的文件和文件夹无效；被压缩的文件或文件夹也可以加密，如果要加密一个压缩文件或文件夹，则该文件或文件夹将会被解压；在加密文件夹时，系统将询问是否要同时加密它的子文件夹。如果选择"是"，那么它的子文件夹也会被加密，以后所有添加进文件夹中的文件和子文件夹都将在添加时自动加密。

8. 更改文件和文件夹权限

权限是确定用户是否可以访问某个对象以及可以对该对象执行哪些操作的规则。例如，没有读取权限，用户就不能打开文件和文件夹，无法查看文件和文件夹的内容。

修改 E 盘文件夹"素材 1"的读写权限，操作步骤如下：

（1）进入 E 盘根目录，右击文件夹"素材 1"，在弹出的快捷菜单中选择"属性"命令，弹出"素材 1 属性"对话框，选择"安全"选项卡，在"组或用户名"列表中，默认选择的是"Authenticated Users"（认证用户），如图 2 – 151 所示。

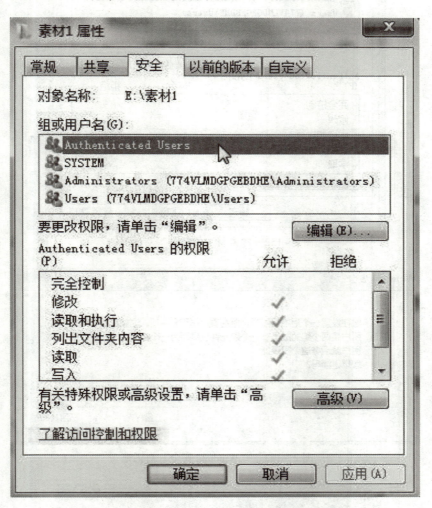

图 2 – 151　"安全"选项卡

（2）单击"编辑"按钮，弹出"素材 1 的权限"对话框，在"Authenticated Users 的权限"下拉列表中选中"读取"后面的"拒绝"复选框，如图 2 – 152 所示。

（3）单击"确定"按钮，弹出"Windows 安全"对话框，单击"是"按钮，如图 2 – 153 所示。

（4）回到"素材 1"对话框，单击"确定"按钮完成操作。在 E 盘根目录下双击文件夹"素材 1"，弹出"您当前无权访问该文件夹。"的提示信息，如图 2 – 154 所示。

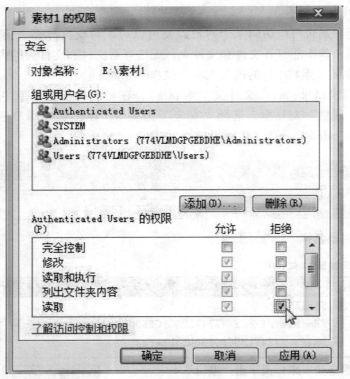

图 2 – 152　　"素材 1 的权限"对话框

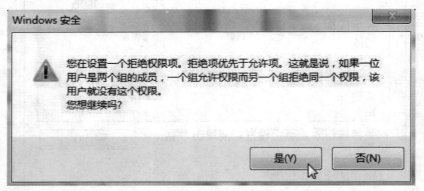

图 2 – 153　　"Windows 安全"对话框

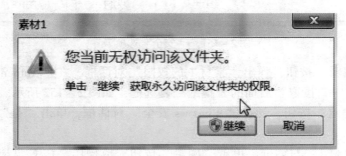

图 2 – 154　信息提示框

【任务总结】

硬盘在日常维护和使用时应注意，正在进行读、写操作时不可突然断电、不要搬动它，若突然断电，可能会使磁头与盘片之间猛烈摩擦而损坏硬盘。如果硬盘指示灯闪烁不止，说明硬盘的读、写操作还没有完成，此时不宜强行关闭电源，只有当硬盘指示灯停止闪烁，硬盘完成读、写操作后方可重启或关机。

任务五　软件的安装、卸载和使用

【任务目标】

本任务即将完成添加与删除程序、安装新硬件、网络下载软件迅雷7的使用、压缩软件WinRAR3.2的使用。在完成任务的过程中，期望读者在操作技能方面能够掌握以下几点：

（1）做好迅雷下载软件和压缩软件的使用。

（2）将安装软件操作应用于实际工作中。

（3）做好关于软硬件相关知识的学习工作。

【任务分析】

计算机中除了安装必备的系统软件外，根据工作和学习需要往往安装诸多应用软件，应用软件可以拓宽计算机系统的应用领域，放大硬件的功能。

【知识准备】

应用软件（Application Software）是和系统软件相对应的，应用软件是为满足用户不同领域、不同问题的应用需求而提供的那部分软件。

【任务实施】

常用的计算机应用软件、办公软件、文件压缩软件、下载工具软件、安全工具软件等的安装卸载和使用。

1. 安装程序

如何添加程序取决于程序的安装文件所处的位置，通常，程序从 CD、DVD 及 Internet 上安装。下面介绍 Internet 上如何安装应用程序。

（1）在 Web 浏览器中，单击指向程序的链接。

（2）若要立即安装程序，请单击"打开"或"运行"命令，然后按照屏幕上的指示进行操作。如果系统提示您输入管理员密码或进行确认，请键入该密码或提供确认。

（3）若要以后安装程序，请单击"保存"命令，然后将安装文件下载到本地计算机上。做好安装该程序的准备后，请双击该文件，并按照屏幕上的指示进行操作。这是比较安全的方法，因为可以在继续安装前扫描安装文件中的病毒。

温馨提示：用户在安装一个软件前，首先明确安装软件的类型、软件获取途径以及软件的安装序列号等。常用的软件分为工具软件和专业软件；获取软件的途径可以从软件销售商处购买、从网上下载和购买软件书籍时赠送三种途径。

对于软件安装序列号，用户可通过阅读安装光盘的包装获取序列号。从 Internet 下载和安装程序时，请确保该程序的发布者以及提供该程序的网站是值得信任的。

2. 卸载程序

从计算机上卸载"中文（简体－搜狗五笔输入法）"，其操作步骤如下：

（1）单击"开始"按钮，选择"开始"菜单右侧的"控制面板"，进入"控制面板"窗口，在"查看方式"为"类别"的状态下，选择"程序"下面的"卸载程序"，如图 2 – 155 所示。

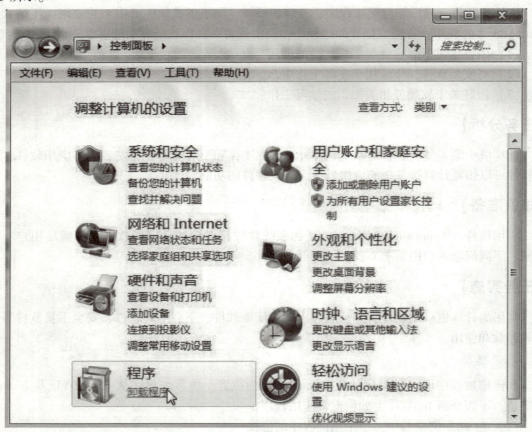

图 2 – 155 选择"卸载程序"

（2）进入"程序和功能"窗口，在程序列表框中找到并选中"搜狗五笔输入法 2.1 正式版"，如图 2 – 156 所示。

（3）单击"卸载/更改"按钮，开始卸载程序，如图 2 – 157 所示。

（4）弹出"搜狗五笔输入法 2.1 正式版卸载"向导对话框，单击"卸载"按钮，如图 2 – 158 所示。

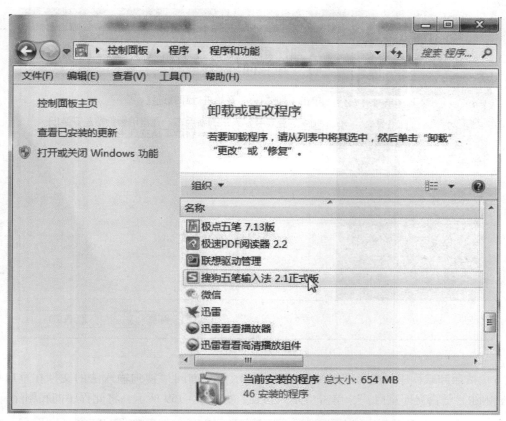

图 2 - 156　选中"搜狗五笔输入法 2.1 正式版"

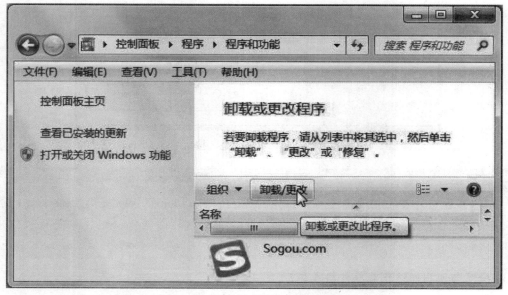

图 2 - 157　单击"卸载/更改"按钮

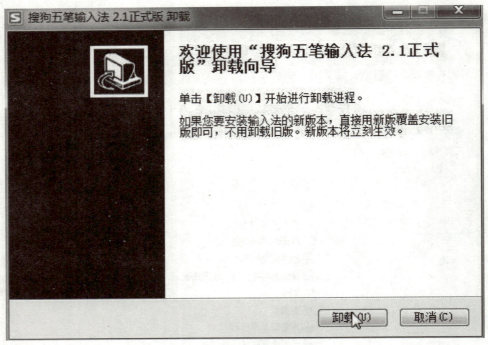

图 2-158　单击"卸载"按钮

（5）按照卸载程序的提示进行操作，最后提示信息询问"搜狗输入法的文件在重启后才能完全删除。是否立即重启?"，单击"是"按钮，如图 2-159 所示，将此程序彻底删除。

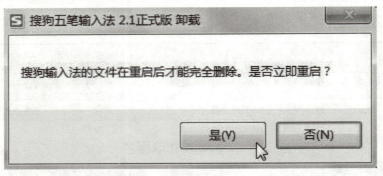

图 2-159　单击"是"按钮

> **温馨提示**：在程序列表框中也可以右击要删除的程序，然后在弹出的快捷菜单中选择"卸载/更改"命令。在删除已安装的程序文件时，切忌直接从安装目录下进行删除操作，一定要在控制面板下"程序和功能"窗口中进行删除操作，这样才能将软件从计算机中彻底卸载。

3. 安装与使用网络下载软件格式工厂

格式工厂（Format Factory）是一款多功能的多媒体格式转换软件，适用于 Windows 系统。可以实现大多数视频、音频以及图像不同格式之间的相互转换。转换可以具有设置文件输出配置、增添数字水印等功能。

格式工厂的安装与使用操作步骤如下：

（1）启动360安全卫士，选择"软件管家"选项，弹出如图2-160所示对话框。

图2-160　"软件管家"对话框

（2）在搜索框中输入"格式工厂"，单击"搜索"按钮，弹出如图2-161所示对话框。

图2-161　搜索"格式工厂"软件

（3）选择"魔影工厂"，单击"一键安装"按钮，自动进行智能安装，如图2-162所示。

图2-162　自动进行智能安装

（4）安装完毕，单击"立即开启"按钮，如图2-163所示，弹出如图2-164所示的应用软件"魔影工厂"界面。

图2-163　单击"立即开启"按钮

图 2 – 164　应用软件"魔影工厂"界面

4. 使用压缩软件 WinRAR

压缩软件是利用算法将文件有损或无损地进行处理，以达到保留最多文件信息，而令文件体积变小的应用软件。压缩软件一般同时具有解压缩的功能，常见的压缩软件有 WinRAR、WinZip 等，其中 WinRAR 的使用最为广泛。

WinRAR 的安装方法非常简单，直接双击运行安装程序，按照提示安装即可。

将"E：\IC3"文件夹压缩到"D：\IC3. rar"，操作步骤如下：

（1）选中要压缩的文件夹"E：\IC3"并右击，在弹出的快捷菜单中可以看到"添加到压缩文件""添加到 IC3. rar""压缩并 E – mail"和"压缩到'IC3. rar'并 E – mail"等命令，根据需要选择其中一项即可进行相关压缩，如图 2 – 165 所示。

（2）本例选择"添加到压缩文件"命令，弹出"压缩文件名和参数"对话框。通过"浏览"按钮，将压缩对象的名称和路径改为"D：\IC3. rar"，还可以设置其他功能。例如，要把 RAR 压缩包制作成 EXE 文件，需要选中"压缩选项"下面的"创建自解压格式压缩文件"复选框，如图 2 – 166 所示；要把文件分解为多个压缩包，可以在"切分为分卷（V），大小"下面的下拉框中输入每个压缩包的字节数。

（3）单击"确定"按钮后，就会出现"正在创建压缩文件 IC3. rar"对话框，显示目前的进度，如图 2 – 167 所示。如果文件比较大，则需要等待一段时间，可以单击"后台"按钮，使压缩程序在后台执行。

如果要将压缩文件解压缩，操作步骤如下：

（1）选中要解压的对象并右击，在弹出的快捷菜单中可以看到"解压文件""解压到当前文件夹"和"解压到 IC3"等命令，根据需要选择其中一项即可进行解压缩，如图 2 – 168 所示。

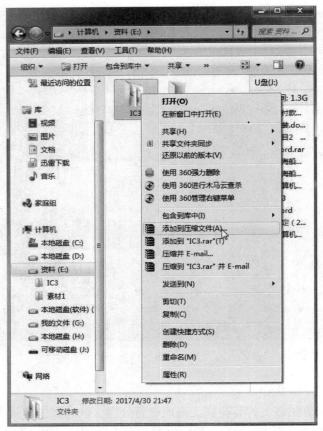

图 2 - 165　选择压缩文件命令

图 2 - 166　"压缩文件名和参数"对话框

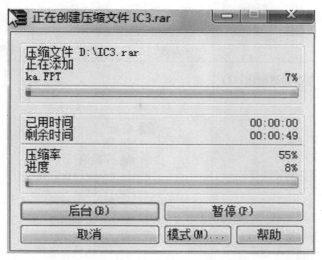

图 2 – 167 正在压缩文件对话框

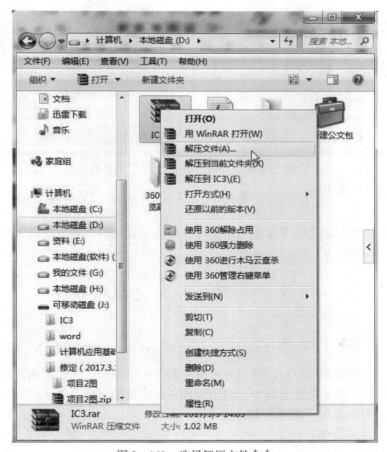

图 2 – 168 选择解压文件命令

（2）选择"解压文件"命令，弹出"解压路径和选项"对话框，如图 2 – 169 所示。如不更改"目标路径"，单击"确定"按钮。

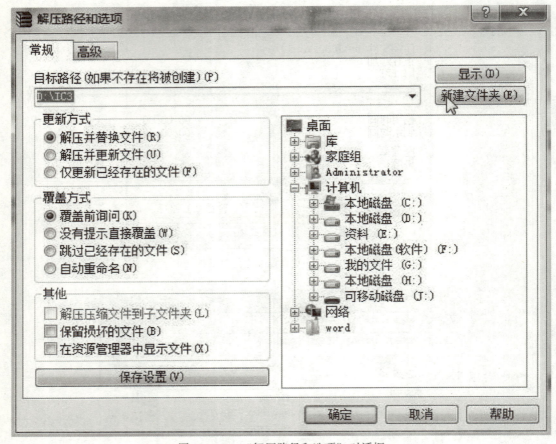

图 2 - 169　"解压路径和选项" 对话框

【任务总结】

安装和卸载软件，都会留下很多无用文件，应该做到及时清理，这样才可以有效解决计算机越来越慢的问题。

任务六　用户和用户组管理

【任务目标】

本任务将完成新建本地用户、新建本地组、向组中添加用户、限制用户本地登录、更改用户权限的操作。在整个任务过程中，期望读者在操作技能方面能够掌握以下几点：

(1) 用户账号的添加、删除和修改。

(2) 用户口令的管理。

(3) 用户组的管理。

【任务分析】

作为一个多用户操作系统，Windows 7 允许多个用户共同使用一台计算机，而系统则通过账户来区别不同的用户。用户账户不仅可以保护用户数据的安全，还可以将每个用户的程序、数据等相互隔离。

【知识准备】

本地用户和组位于计算机管理中，用户可以使用这一组管理工具来管理单台本地或远程计算机。可以使用本地用户和组保护并管理存储在本地计算机上的用户账户和组。可以在特定计算机上（只能是这台计算机）分配本地用户账户或组账户的权限和权利。

【任务实施】

若要对用户和用户组进行管理，首先我们要构建一个多用户的环境，以便后续操作。

1. 新建本地用户账户

（1）如果启动计算机时已经以系统默认的管理员账户 Administrator 登录，可直接进入下一步操作；否则单击"开始"菜单中的"注销"命令，然后重新以 Administrator 管理员身份登录到计算机。

> **温馨提示**：Administrator 是系统内置的最高系统管理员账户，管理本地计算机中的所有其他账户，不能被删除，也不能被禁用。该账户在安装操作系统的过程中就要求为其设置一个高效、安全的密码。

（2）打开"控制面板"，如果"查看方式"为"类别"，单击"用户账户和家庭安全"下面的"添加或删除用户账户"选项，如图 2－170 所示。

图 2－170 "控制面板"窗口

（3）进入如图 2 – 171 所示"管理账户"窗口，选择"创建一个新账户"选项。

图 2 – 171　创建新账户界面

（4）进入"创建新账户"窗口，在新账户名文本框中输入"行政助理"，账户类型选择"管理员"，单击"创建账户"按钮，如图 2 – 172 所示。完成后效果如图 2 – 173 所示。

> **温馨提示**：命名用户名时应注意：用户名不能与被管理的计算机上的其他用户或组名相同；用户名最多可以包含 20 个大写或小写字符；用户名不能使用下列字符：／\ [ ]"：；| < > + = ,？ ＊。在账户类型中，标准用户的权限受限，管理员拥有最高权限。

（5）打开"开始"菜单，单击"关机"按钮后面的三角形按钮，在弹出的菜单中选择"切换用户（W）"命令，进入切换用户界面，如图 2 – 174 所示，单击"行政助理"图标可进入"行政助理"系统界面。

> **温馨提示**：在创建账户时应注意，为了计算机系统的安全和有效管理，一定要严格限制普通用户的权限。

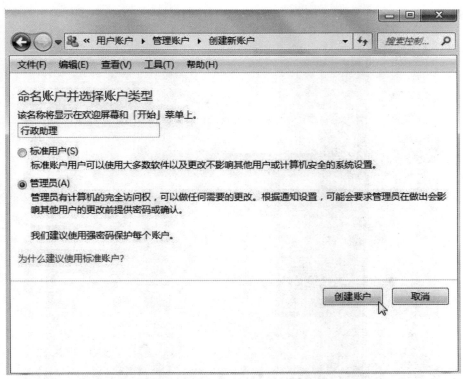

图 2 - 172　用户账户创建界面

图 2 - 173　"行政助理"账户

图 2 – 174　切换到"行政助理"

2. 更改账户设置

在 Windows 7 中，可以更改用户账户的设置，包括更改账户的名称、图片和类型，创建密码，设置家长控制等，主要操作步骤如下：

（1）打开"控制面板"，单击"用户账户和家庭安全"下面的"添加或删除用户账户"选项，进入"管理账户"窗口，如图 2 – 173 所示。

（2）单击"行政助理"图标，进入"更改账户"窗口，单击"更改账户名称"选项，如图 2 – 175 所示。

（3）进入"重命名账户"窗口，在新账户名文本框中输入"助理总监"，单击"更改名称"按钮，如图 2 – 176 所示。

（4）回到"更改账户"窗口，可以看到账户更名为"助理总监"，单击"创建密码"选项，如图 2 – 177 所示。

（5）进入"创建密码"窗口，在新密码文本框中输入"555333"，在确认新密码文本框中再输入一遍密码，可在"键入密码提示"文本框中设置密码提示，本例不做设置，单击"创建密码"按钮，如图 2 – 178 所示。

> **温馨提示**：创建密码后，"更改账户"窗口出现"更改密码"和"删除密码"选项，通过这两项可以更改和删除密码。

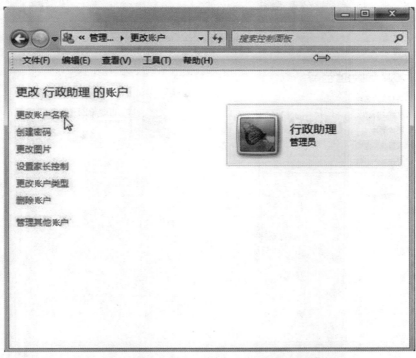

图 2 – 175　单击"更改账户名称"选项

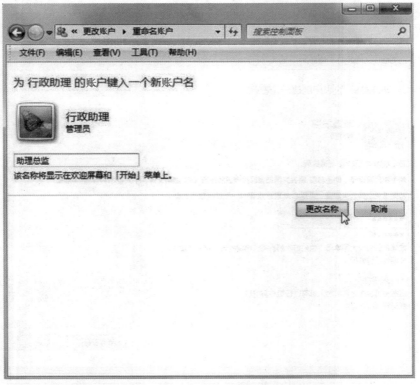

图 2 – 176　"重命名账户"窗口

图 2 – 177 单击"创建密码"选项

图 2 – 178 "创建密码"窗口

（6）回到"更改账户"窗口，单击"更改图片"选项，如图 2 - 179 所示。

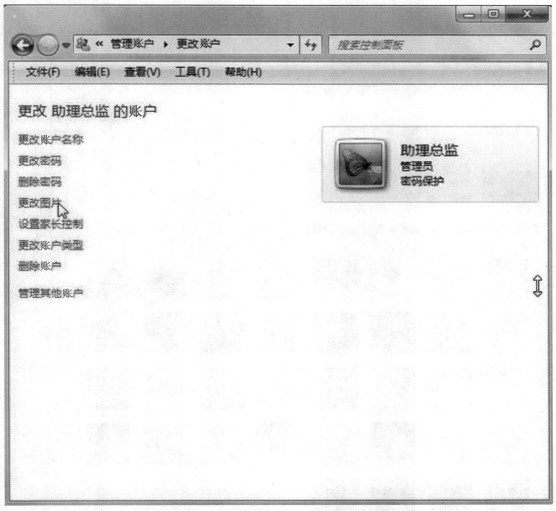

图 2 - 179　单击"更改图片"选项

　　（7）进入"选择图片"窗口，选择第一行第七列图片，单击"更改图片"按钮，如图 2 - 180 所示。

　　（8）回到"更改账户"窗口，单击"更改账户类型"选项，如图 2 - 181 所示。

　　（9）进入"更改账户类型"窗口，选中"标准用户"单选按钮，单击"更改账户类型"按钮，如图 2 - 182 所示。

　　（10）回到"更改账户"窗口，单击"设置家长控制"选项，如图 2 - 183 所示。

　　（11）进入"家长控制"窗口，选择"助理总监"用户，如图 2 - 184 所示。

　　（12）进入"用户控制"窗口，选中"家长控制"选项组中的"启用，应用当前设置"单选按钮，如图 2 - 185 所示。

　　（13）单击"Windows 设置"选项组中的"时间限制"选项，进入"时间限制"窗口，设置好阻止和允许的时间，单击"确定"按钮，如图 2 - 186 所示。

图 2 - 180 "选择图片"窗口

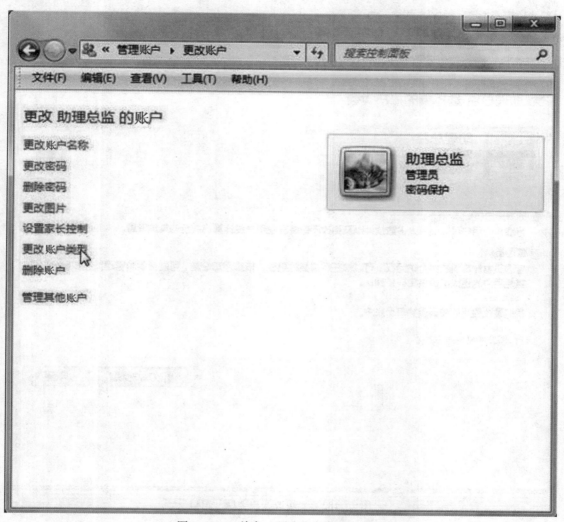

图2-181 单击"更改账户类型"选项

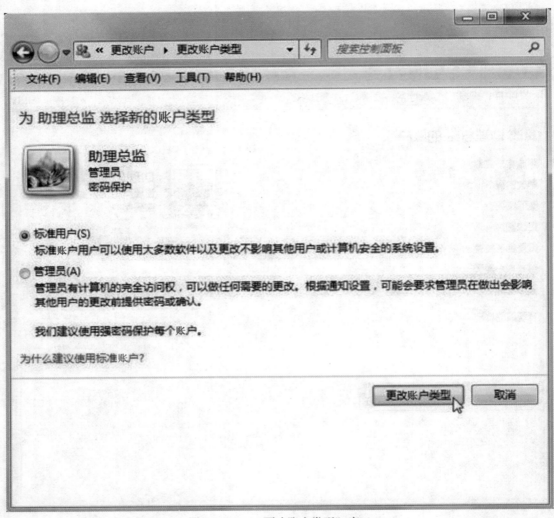

图 2－182　"更改账户类型"窗口

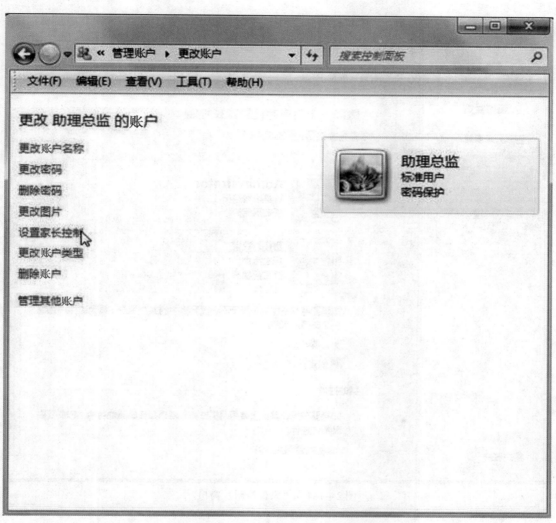

图 2 – 183　单击"设置家长控制"选项

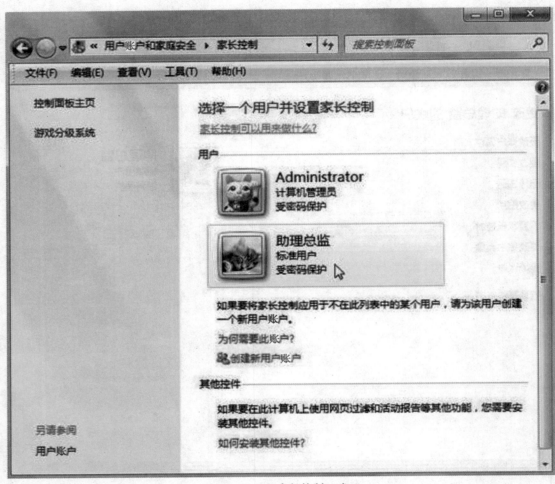

图 2－184　"家长控制"窗口

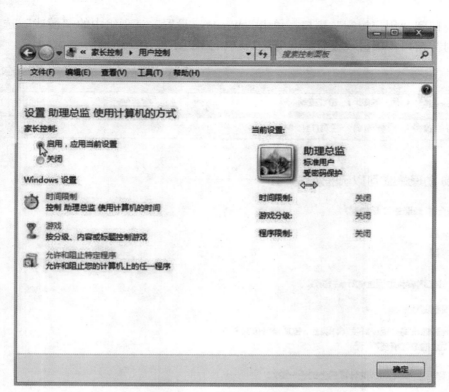

图 2 – 185　"用户控制"窗口

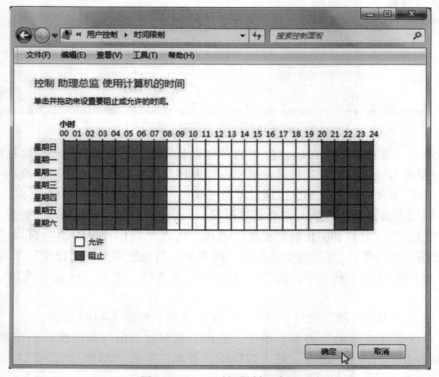

图 2 – 186　"时间限制"窗口

（14）回到"用户控制"窗口，单击"Windows 设置"选项组中的"游戏"选项，进入"游戏控制"窗口，单击"设置游戏分级"选项，如图 2 - 187 所示。

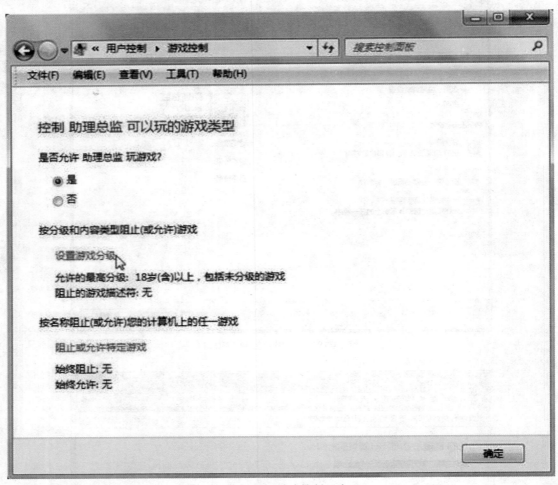

图 2 - 187 "游戏控制"窗口

（15）进入"游戏限制"窗口，在"如果游戏未分级，是否允许助理总监玩？"选项组中，选中"阻止未分级的游戏"单选按钮。在"助理总监可以玩哪些分级的游戏？"选项组中，选中"3 岁（含）以上"单选按钮，单击"确定"按钮，如图 2 - 188 所示。

（16）回到上级窗口，再单击"确定"按钮，回到"用户控制"窗口，单击"Windows 设置"选项组中的"允许和阻止特定程序"选项，进入"应用程序限制"窗口，在"助理总监可以使用哪些程序，"选项组中，选中"助理总监只能使用允许的程序"单选按钮，在"选择可以使用的程序"列表中，选中"QQ. exe"复选框，单击"确定"按钮，如图 2 - 189 所示。

（17）回到"用户控制"窗口，单击"确定"按钮，如图 2 - 190 所示。

（18）再次打开"开始"菜单，单击"关机"按钮后面的三角形按钮，在弹出的菜单中选择"切换用户（W）"命令，进入切换用户界面，单击"助理总监"图标，如图 2 - 191 所示。

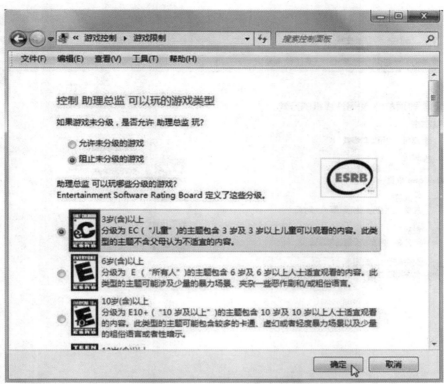

图 2 – 188 "游戏限制"窗口

图 2 – 189 "应用程序限制"窗口

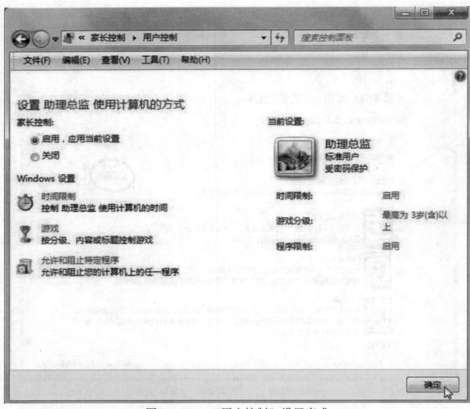

图 2 – 190　"用户控制"设置完成

图 2 – 191　切换到"助理总监"

（19）弹出的新界面要求输入密码，输入密码后单击"进入"按钮 ，如图2－192所示，即可进入"助理总监"的系统界面。

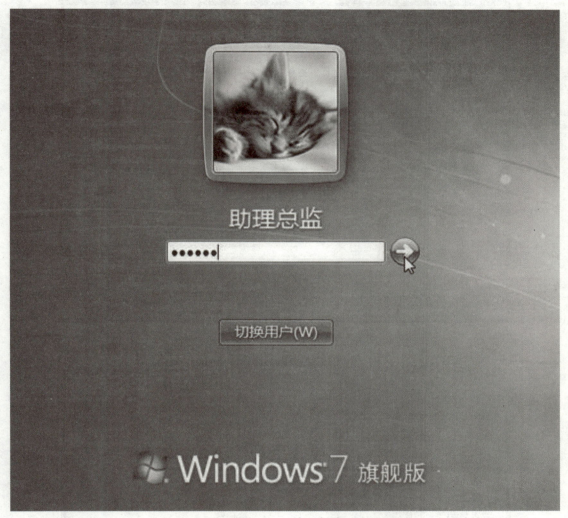

图2－192 输入密码

3. 新建本地组

组是管理员进行用户管理的有效工具，通过将用户加入到组，管理员可以简化网络的管理工作。要创建一个新的本地组，操作步骤如下：

（1）打开"控制面板"，如果"查看方式"为"类别"，单击"系统和安全"，进入"系统和安全"窗口，单击"管理工具"选项，如图2－193所示。

（2）弹出"管理工具"窗口，双击"计算机管理"图标，如图2－194所示。打开"计算机管理"窗口，在其左边的树形结构中单击"本地用户和组"，在展开的下级结构中单击"组"，右侧显示目前已经存在的所有"组"的名称，如图2－195所示。

（3）右击"组"选项，弹出如图2－196所示的快捷菜单，选择"新建组"命令。

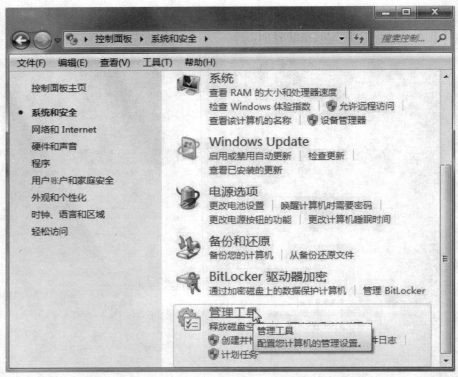

图 2 – 193 选择"管理工具"选项

图 2 – 194 "管理工具"窗口

图2－195　"计算机管理"窗口

图2－196　选择"新建组"命令

（4）弹出"新建组"对话框，在"组名"文本框中输入"企业"，在"描述"文本框中输入"企业高级管理人员组"，如图2－197所示。

（5）单击"创建"按钮，完成创建新组的操作，单击"关闭"按钮，关闭对话框，回到"计算机管理"窗口，如图2－198所示。

图 2－197 "新建组"对话框

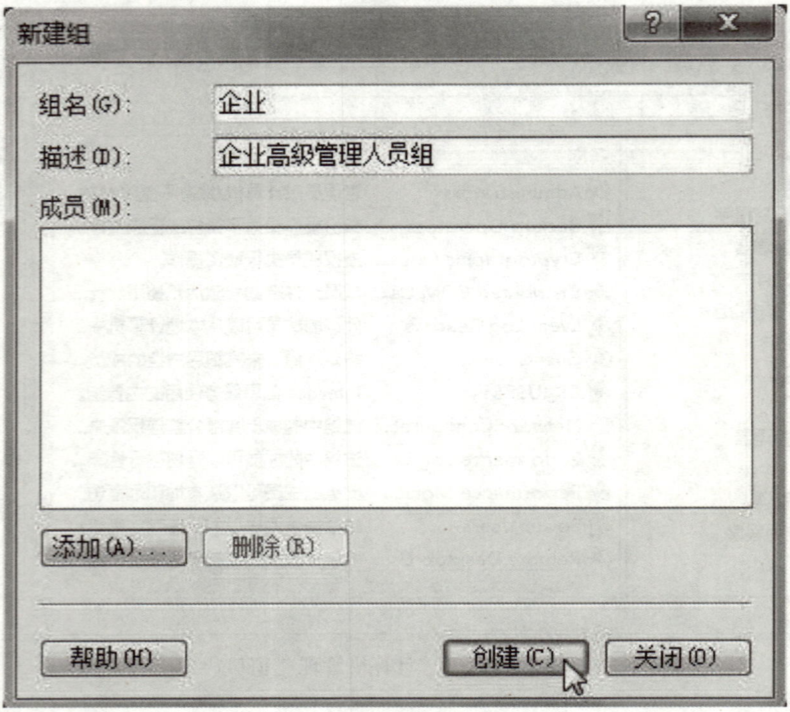

图 2－198 新建组"企业"

4. 向组中添加用户

（1）打开如图 2－198 所示的窗口。

（2）右击"企业"，在弹出的快捷菜单中选择"添加到组"命令，如图2–199所示。

图2–199 选择"添加到组"

（3）弹出如图2–200所示的"企业属性"窗口。

图2–200 "企业属性"窗口

（4）单击"添加"按钮，进入如图 2 - 201 所示的"选择用户"窗口。

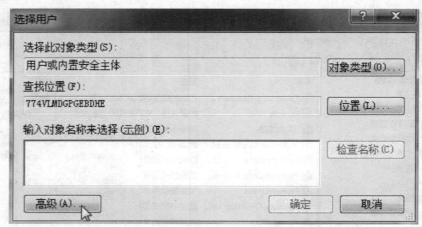

图 2 - 201　"选择用户"窗口

（5）单击"高级"按钮，在弹出的新对话框中单击"立即查找"按钮，"搜索结果"
列表框中显示用户列表，如图 2 - 202 所示。

图 2 - 202　搜索结果

（6）在"搜索结果"列表框中选择"行政助理"，如图2－203所示。

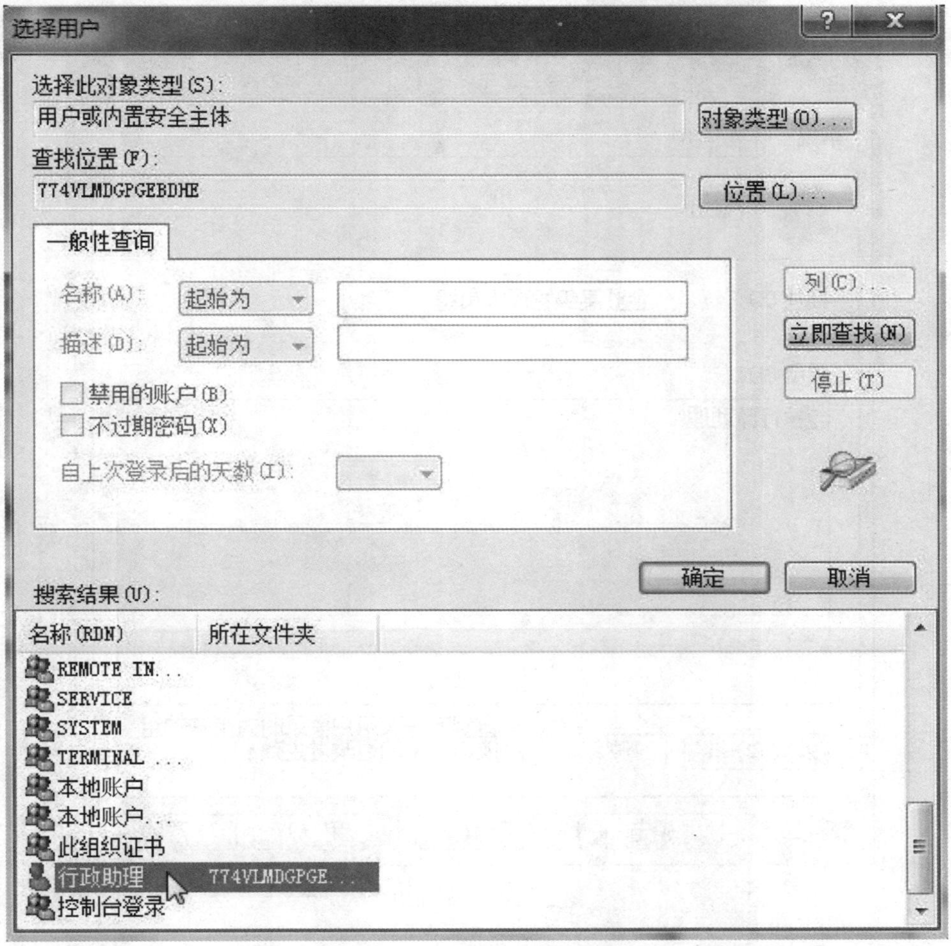

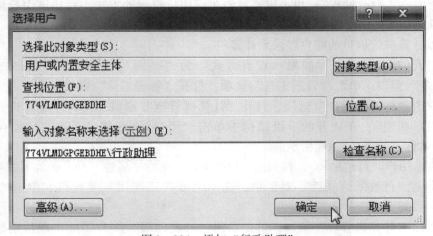

图2－203 选择"行政助理"

（7）单击"确定"按钮，弹出如图2－204所示的对话框，再单击"确定"按钮。

图2－204 添加"行政助理"

（8）回到"企业属性"窗口，单击"确定"按钮，完成新用户的添加，如图2-205所示。

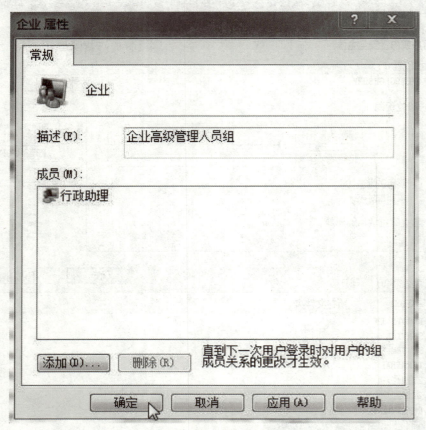

图2-205　添加用户

5. 限制用户本地登录

将新用户"行政助理（即助理总监）"加入到"企业"组中，实际上就是将该组所具有的权限授予用户"行政助理"，也可以通过停止该用户权限的方法，禁止该用户以后继续使用本计算机，具体操作步骤如下：

（1）以计算机管理员的账户登录到计算机。

（2）打开"控制面板"，如果"查看方式"为"类别"，单击"系统和安全"，进入"系统和安全"窗口，单击"管理工具"选项，打开"管理工具"窗口。

（3）双击"计算机管理"选项，打开"计算机管理"窗口，在其左边的树形结构中单击"本地用户和组"，在展开的下级结构中单击"用户"，右侧显示目前已经存在的所有"用户"的名称，如图2-206所示。

（4）右击用户"行政助理"，在弹出的快捷菜单中选择"属性"命令，如图2-207所示。

（5）弹出"行政助理属性"对话框，选中"账户已禁用"复选框，单击"确定"按钮，如图2-208所示。

（6）返回"计算机管理"窗口，可以看到"行政助理"用户图标出现禁用标记，如图2-209所示，完成限制用户本地登录操作。

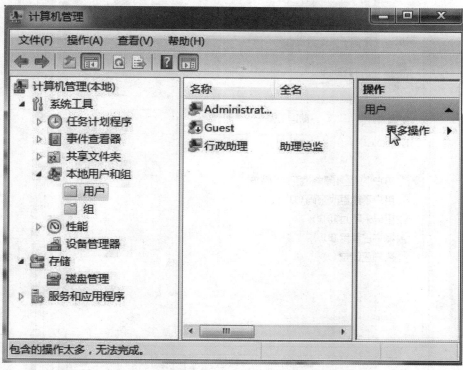

图 2 – 206　用户列表

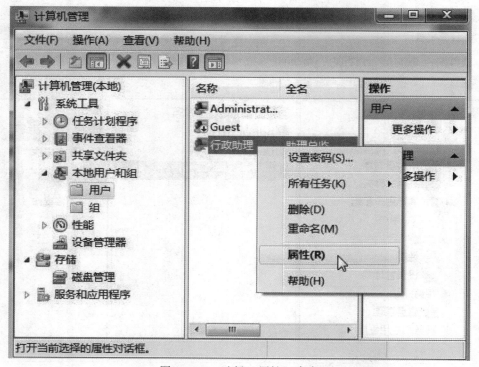

图 2 – 207　选择"属性"命令

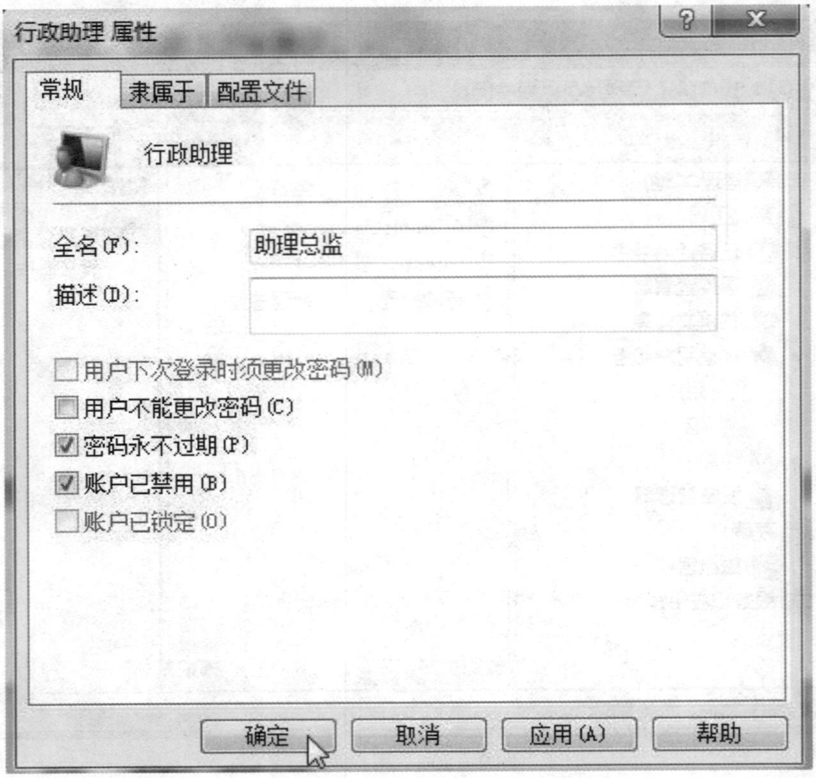

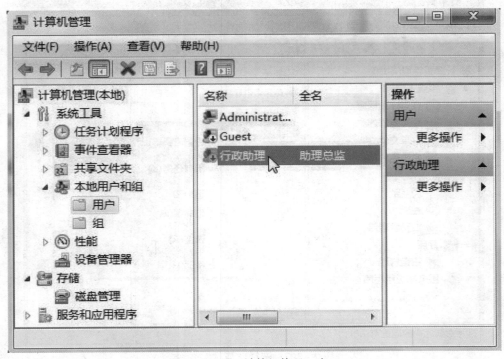

图 2 - 208 "行政助理属性" 对话框

图 2 - 209 "计算机管理" 窗口

温馨提示：禁用"行政助理"账户以后，再登录本台计算机的时候，系统不再显示"行政助理"账户，只有解除账户禁用，该账户才有权继续使用本计算机。

【任务总结】

　　Windows系统能让不同的用户在同一台计算机上使用不同的用户名登录到自己喜爱的桌面或安装有自己喜欢的软件的系统中。这样，有利于更好地管理用户与用户组。

任务七　附件的使用

【任务目标】

　　本任务将完成记事本的使用、画图工具的使用、写字板的使用、录制和播放声音文件、计算器的使用和截图工具的使用。在这个任务中，期望读者在操作技能方面能够掌握以下几点：

　　（1）记事本、写字板的应用。

　　（2）录制和播放声音文件的使用。

　　（3）将实训中所用的附件工具应用到实际工作中。

【任务分析】

　　记事本等工具是计算机中常用的软件，掌握它们的用法是必要的。

【知识准备】

　　Windows附件，其实就是一个目录。附件中的文件，基本上是一些链接，默认情况下，是一些在system32下的可执行的小程序文件。

【任务实施】

　　通过实例的操作掌握计算机常用的软件，包括文件压缩软件、下载工具软件、安全工具软件等。

1. "记事本"的使用

　　"记事本"是一个纯文本文件编辑器。所谓"文本"，是由文字和数字等字符组成，不能包括图片和复杂的格式信息。启动方法为：选择"开始"→"所有程序"→"附件"→"记事本"菜单命令，打开"记事本"窗口，如图2－210所示。

　　（1）"记事本"窗口的组成：菜单栏，包括"文件""编辑""格式""查看""帮助"五个菜单；工作区，工作区用于输入和编辑文本信息。

　　（2）"记事本"的基本操作：启动"记事本"后，在工作区输入如图2－211所示内容，利用"菜单"的功能进行适当字体、页面设置，并重命名。结果如图2－212所示。

　　温馨提示："记事本"的编辑功能很简单，对文字、字形和字号的设置只能通篇相同，不能对标题、段落分别设置，页面编辑也只能设置页边距，常常用来进行无格式文本的编辑。"记事本"也可用来编辑扩展名为".bat"的批处理文件。

2. "画图"的使用

"画图"是 Windows 7 提供的位图绘制程序，它有一个绘制工具箱和一个调色板，可以实现图文并茂的效果。启动方法为：选择"开始"→"所有程序"→"附件"→"画图"菜单命令，打开"画图"窗口，如图 2–213 所示。

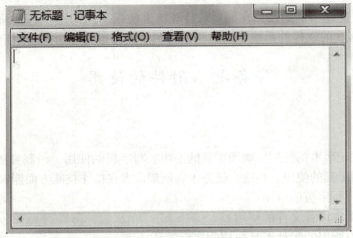

图 2–210　"记事本"窗口

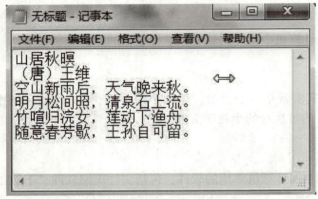

图 2–211　"记事本"应用

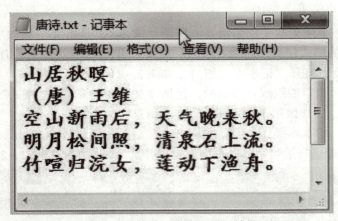

图 2–212　"记事本"设置结果

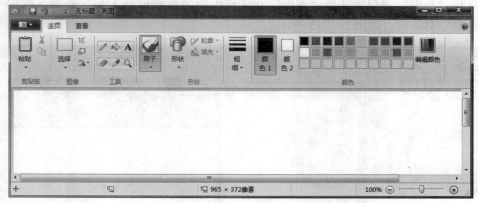

图 2 – 213　"画图"窗口

（1）"画图"窗口的组成：自定义快速访问工具栏，允许用户将保存、撤销和重做等一些常用命令放在上面，实现快速访问；功能区，画图窗口功能区包括"剪贴板""图像""工具""形状""颜色"五个功能组；工作区，工作区用于绘制和编辑图形图像。

（2）"画图"工具的基本操作。

例如，调整桌面上的文件"风景.jpg"的大小，使其宽 600 像素，高 800 像素，然后在桌面上保存该图像的副本。将新文件命名为"景色_2.jpg"，请勿删除原始文件。操作步骤如下：

①右击桌面上的图像"景色.jpg"，在弹出的快捷菜单中选择"打开方式"→"画图"命令，如图 2 – 214 所示。

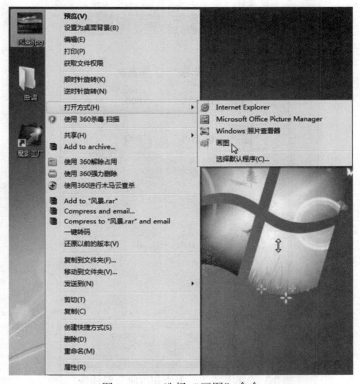

图 2 – 214　选择"画图"命令

②打开"画图"窗口，选择"图像"功能组中的"重新调整大小"选项，弹出"调整大小和扭曲"对话框，如图 2 - 215 所示。

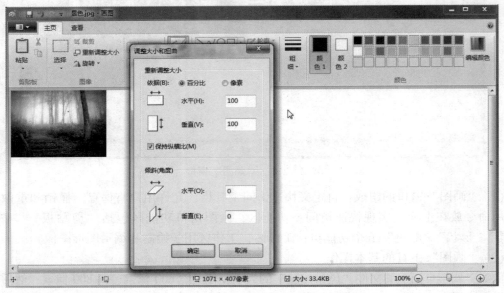

图 2 - 215　选择"重新调整大小"选项

③选中"像素"单选按钮，取消选中"保持纵横比"复选框，设置水平为"600"、垂直为"800"，单击"确定"按钮，如图 2 - 216 所示。

图 2 - 216　"调整大小和扭曲"对话框

④单击"画图"按钮，在弹出的下拉列表中选择"另存为"→"JPEG 图片"，如图 2 –217 所示。

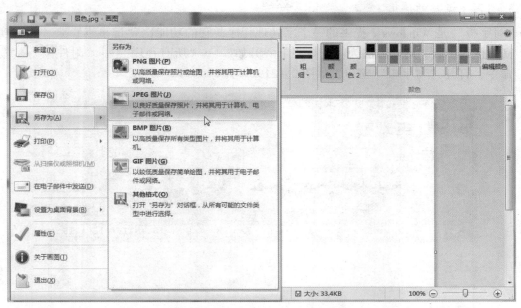

图 2 –217　选择"另存为"命令

⑤弹出"保存为"对话框，保存位置选"桌面"，文件命名为"景色_2. jpg"（下划线：英文状态下按"Shift" + " – "键）文件，单击"保存"按钮，如图 2 – 218 所示，操作完成。

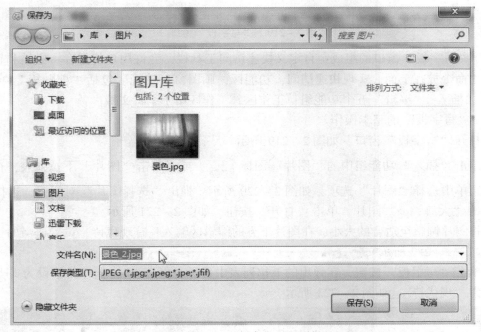

图 2 –218　"保存为"对话框

温馨提示：如果用户对图形有更高要求，应选择专业的绘图软件完成。

3. "写字板"的使用

"写字板"是 Windows 7 提供的一个字处理程序，它的功能比"记事本"强，可以实现更丰富的格式排版。启动方法为：选择菜单"开始"→"所有程序"→"附件"→"写字板"命令，打开"写字板"窗口，如图 2–219 所示。

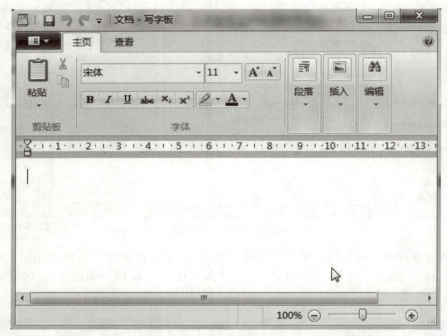

图 2–219 "写字板"窗口

（1）"写字板"窗口的组成：自定义快速访问工具栏，允许用户将保存、撤销和重做等一些常用命令放在上面，实现快速访问；功能区，画图窗口功能区包括"剪贴板""字体""段落""插入""编辑"五个功能组；工作区，工作区用于编辑文档。

（2）"写字板"的基本操作。

①打开"写字板"窗口，如图 2–219 所示。

②单击"插入"功能组中的"图片"图标，或者单击"图片"下拉列表，在弹出的下拉菜单中选择"图片"选项，如图 2–220 所示。弹出"选择图片"对话框，选择"桌面"上的"大海.jpg"图片，单击"打开"按钮，如图 2–221 所示。

③将图片调整至适合的大小，在图片下方的编辑区输入一首现代诗，设置适当的字体和字号，如图 2–222 所示文字。

④单击"写字板"按钮，在弹出的下拉列表中选择"保存为"，保存位置设为 E 盘，文件命名为"现代诗"，如图 2–223 所示。

温馨提示：利用"写字板"可以进行日常工作中文件的编辑，还可以用它完成图文混排，插入图片、声音、视频剪辑等多媒体资料。

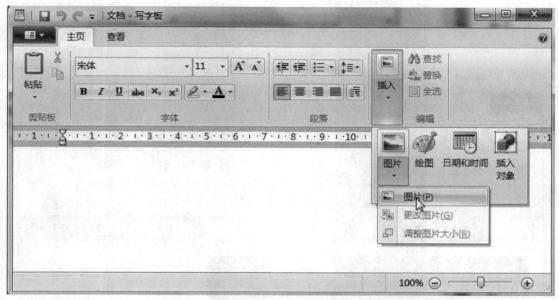

图 2 – 220　选择"图片"选项

图 2 – 221　"选择图片"对话框

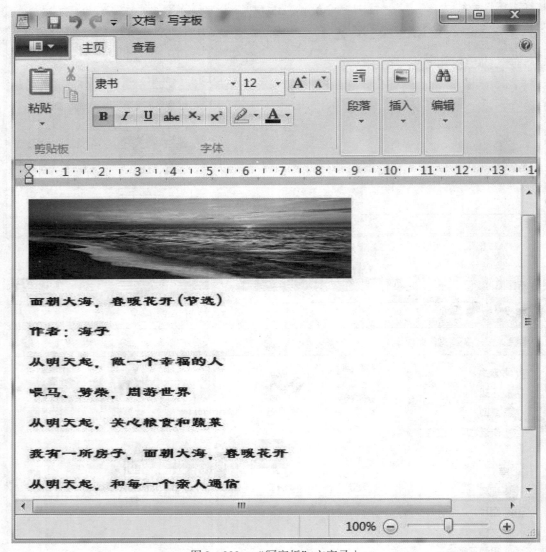

图 2-222　"写字板"文字录入

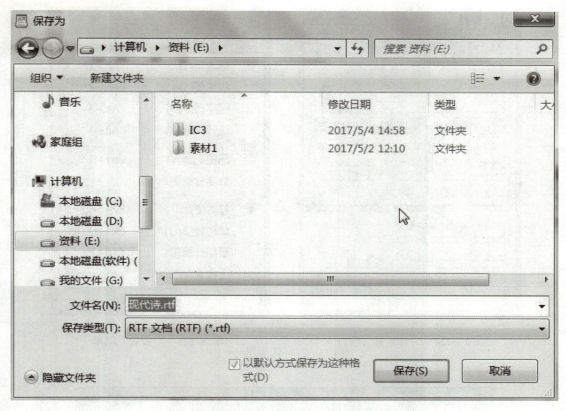

图2－223　"保存为"对话框

4. "计算器"的使用

"计算器"在 Windows 7 中可以进行如加、减、乘、除这样简单的运算。计算器还提供了编程计算器、科学型计算器和统计信息计算器的高级功能。启动方法为：选择菜单"开始"→"所有程序"→"附件"→"计算器"命令，打开"计算器"窗口，如图2－224所示。

（1）"计算器"窗口的组成：计算器由标题栏、菜单栏、数字按钮、命令按钮几部分组成。

（2）"计算器"的基本操作。

①打开"计算器"窗口，如图2－224所示。

②单击菜单"查看"→"科学型"命令，如图2－225所示，切换到"科学型"计算器窗口，如图2－226所示。

　温馨提示：　"计算器"的窗口有四种形式："标准型"主要用于简单的算术运算；"科学型"主要用于函数运算；"程序员"主要用于数制转换；"统计信息"主要用于统计运算。

图 2 – 224　"计算器"窗口　　　　　　　　　图 2 – 225　"查看"菜单

图 2 – 226　"科学型"计算器对话框

③在"科学型"计算器中，单击数字按钮3、0，输入数据30，单击"sin"按钮，计算正弦值sin30° = 0.5，如图2 - 227所示。

图2 - 227　　"科学型"计算器计算结果

温馨提示： Windows 7中的"计算器"与普通的计算器是一样的。"计算器"可用于基本的算术运算，同时它还具有科学计算器的功能，比如对数运算、阶乘运算、三角函数运算和数制转换运算等；对于十六进制、八进制及二进制来说，有四种可用的显示类型：四字（64位表示法）、双字（32位表示法）、单字（16位表示法）和字节（8位表示法）。对于十进制来说，有三种可用的显示类型：角度、弧度和梯度。

【任务总结】

本任务对操作系统中的几个附件程序进行了讲解，对读者这几方面的操作技能会有所帮助，希望加强练习。

【项目评价】

评价点	教师评价	学生自我评价
初识 Windows 7 操作系统		
Windows 7 操作系统工作环境设置		
文件和文件夹的操作		
磁盘管理		
软件的安装、卸载和使用		
用户和用户组管理		
附件的使用		

【项目小结】

本项目通过初识 Windows 7 操作系统，Windows 7 操作系统工作环境设置，文件和文件夹的操作，磁盘管理，软件的安装、卸载和使用，用户和用户组管理，附件的使用等任务的完成，使学生掌握 Windows 7 操作系统的使用。

【练习与思考】

项 目 二　习　题

一、综合题

1. Windows 7 会自动辨识硬件设备并安装相关驱动程序，方便该硬件设备能立即使用。（　　）
   A. 正确　　　　　　　　　　　　　　B. 错误

2. 在 Windows 7 中，文件名中不可以包含空格。（　　）
   A. 正确　　　　　　　　　　　　　　B. 错误

3. 关于全角字与半角字，全角字需要 2 B 来表示，而半角字只需 1 B。（　　）
   A. 正确　　　　　　　　　　　　　　B. 错误

4. 全球定位系统主要是利用红外线作为传输媒介。（　　）
   A. 正确　　　　　　　　　　　　　　B. 错误

5. 管理计算机电量使用方式的硬件和系统设置集合的名称是（　　）。
   A. 使用计划　　　　B. 电源计划　　　　C. 适当计划　　　　D. 电池计划

6. 下列操作系统中属于移动操作系统的是（　　）。
   A. Linux　　　　　　B. UNIX　　　　　　C. Android　　　　　D. Windows 7

7. 将文件从一个位置移除，然后放置到另一个位置时使用的命令是什么？（　　）
   A. 复制　　　　　　B. 粘贴　　　　　　C. 剪切　　　　　　D. 删除

8. 以下关于操作系统的叙述中，错误的是（　　）。
   A. UNIX 属于多用户操作系统
   B. Linux 是代码开源操作系统
   C. Windows Server 属于网络操作系统
   D. Mac OS 属于单任务系统

9. 更新计算机的操作系统后，当前安装的软件将不再运行。以下哪一项可以使用户在新的 Microsoft 操作系统中继续使用旧的软件程序？（　　）
   A. 任务管理器　　　　　　　　　　B. 安装修复
   C. 重新安装程序　　　　　　　　　D. 程序兼容性向导

10. 以下哪一项关于在安全模式中操作的说法是正确的？（　　）
    A. 网络服务已启动
    B. 操作系统加载基本文件、服务和驱动程序

C. 鼠标和存储设备将无法正常使用

    D. 启动命令提示符而非操作系统

11. 下列软件中，属于系统软件的是（   ）。

    A. C ++ 编译程序　　　　　　　　　　B. Excel 2010

    C. 学籍管理系统　　　　　　　　　　D. 财务管理系统

12. 若计算机在使用中需经常复制及删除文件，应定期执行的程序是（   ）。

    A. 碎片整理工具　　　　　　　　　　B. 磁盘扫描工具

    C. 病毒扫描程序　　　　　　　　　　D. 磁盘压缩程序

13. 压缩文件的效果是什么？（   ）

    A. 创建一个较小的文件　　　　　　　B. 分析正在使用的磁盘空间

    C. 将一个文件分成多个　　　　　　　D. 检测可能有病毒的计算机文件

14. 以下哪种软件可轻松实现对少量数据进行各种计算以及管理财务数据？（   ）

    A. 数据库　　　　　　　　　　　　　B. 电子表格

    C. 演示文稿程序　　　　　　　　　　D. 文字处理程序

15. 当计算机从硬盘读取数据后，将数据暂时储存于（   ）。

    A. 随机存取内存（RAM）　　　　　　B. 只读存储器（ROM）

    C. 高速缓存（Cache）　　　　　　　D. 缓存器（Register）

16. BIOS（Basic Input/Output System）被存储在（   ）。

    A. 硬盘存储器　　B. 只读存储器　　　C. 光盘存储器　　　D. 随机存储器

17. 当执行 Windows 7 的个人计算机出现死机，没有响应，但您却有尚未存盘的数据时，较适合的选择有（选择两项）（   ）。

    A. 直接拔除电源

    B. 重复按下"Num Lock"键或"Caps Lock"键，查看键盘上的 LED 灯，看看是否随着一亮一灭，以确认键盘可作用

    C. 按下"Reset"键，执行热启动

    D. 若键盘有作用，则尝试调出"任务管理器"，结束没有响应的程序

18. 利用 Windows 7 附件中的"画图"应用程序，可以打开的文件类型包括（选择三项）（   ）。

    A. . bmp　　　　　B. . gif　　　　　C. . wav　　　　　D. . jpeg

    E. . mov

19. 下列选项中可作为打印机接口的是（选择两项）（   ）。

    A. HDMI　　　　B. USB　　　　　C. COM1　　　　D. DVI

    E. LPT1

20. 下列设备中属于输入设备的是（选择两项）（   ）。

    A. 耳机　　　　　B. 鼠标　　　　　C. 扫描仪　　　　D. 打印机

    E. 投影仪

21. 在 Windows 7 中，最大化窗口的方法是（选择两项）（   ）。

    A. 单击最大化按钮　　　　　　　　　B. 双击标题栏

    C. 单击还原按钮　　　　　　　　　　D. 拖曳窗口至屏幕左侧

22. 下列主要应用于智能型手机、平板电脑、GPS 车用导航计算机的操作系统是（选择两项）（　　）。

A. Android   B. Windows 7

C. Windows XP   D. Windows Mobile

23. 在 Windows 7 中，请将以下要完成的任务和相应的设置选项进行对应。

更改账号图片
调整屏幕分辨率
连接到投影仪
更改高级共享设置

24. 在 Windows 7 中，请指出帮助和支持图标对应的中文含义。

帮助和支持主页
打印
浏览帮助
了解有关其他支持选项的信息

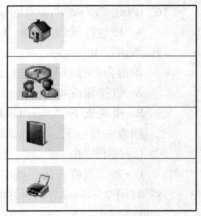

25. 在 Windows 7 中，请将下列要完成的任务和所对应的快捷键进行匹配。

系统长时间不响应用户的要求，要结束该任务	Ctrl + Esc
打开"开始"菜单	Ctrl + Alt + Delete
关闭正在运行的程序窗口	Ctrl + Shift
实现各种输入方式的切换	Alt + F4

二、操作题

1. Windows 7 基本操作：

（1）打开显示以下信息的窗口：运行 Windows 版本、安装的服务包以及处理器速度。保持窗口打开状态。

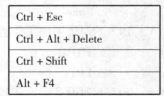

Windows 7 基本操作

（2）在 D 盘上运行磁盘清理。仅删除"回收站"临时文件。

（3）对计算机的 C 盘进行碎片整理。

（4）以"详细信息"的查看方式显示 C 盘下的文件，并将文件按从小到大的顺序进行排序。

2. 文件及文件夹操作：

（1）在 D 盘的根目录下建立一个新文件夹，以学生自己姓名命名。

（2）在该文件夹中建立名为"brow"的文件夹与"word"的文件夹，并在"brow"文件夹下，建立一个名为"bub. txt"空文本文件和"teap. bmp"图像文件。

文件及文件夹操作

（3）将"bub. txt"文件移动到"word"文件夹下并重新命名为"best. txt"。

（4）查找 C 盘中所有以". exe"为扩展名的文件，并运行"wmplayer. exe"文件。

（5）为"brow"文件夹下的"teap. bmp"文件建立一个快捷方式图标，并将该快捷方式图标移动到桌面上。

（6）删除"brow"文件夹，并清空回收站。

（7）在桌面上创建一个指向学员姓名的文件夹的快捷方式，命名为"校校通"。

（8）在 E 盘的根目录下建立"Mysub"文件夹，访问类型为"只读"。

（9）将 D 盘下所建的文件夹复制至 E 盘下，改名为"校校通"。

（10）桌面设置：

①使用"画图"程序制作一张图片保存，取名为"背景. bmp"保存在你的文件中。

②将"背景. bmp"设置为桌面背景。

项目三

Internet 与网络基础

【项目描述】

当今社会正处在高度发展的信息化时代，个人计算机与智能手机已走进千家万户，通过网络从而实现计算机与智能终端的硬件、软件和信息的资源共享，实现各种数据和信息的相互交换，还可以通过网络将一个大型复杂的计算问题分配给网络中的多台计算机分工协作来完成，等等。计算机网络与移动通信在过去的几十年里深入到社会的各个层面，对科学、技术、经济、产业、个人生活和工作等许多方面都产生了质的影响。

【项目分析】

本项目通过局域网的组建与应用、浏览与搜索、移动通信的操作等任务，使读者掌握相关的网络知识与操作技能。

【相关知识和技能】

计算机网络的概念，浏览器的使用技能，移动通信的知识。

任务一　局域网的组建与应用

【任务目标】

本任务将完成一台个人计算机在局域网中的接入配置。期望读者掌握以下操作技能：

（1）制作网线。

（2）完成局域网设置与测试。

（3）共享及访问局域网中的资源。

【任务分析】

（1）准备工具。

（2）制作网线。

（3）释放身上静电，安装网卡。

（4）连接局域网的硬件。

（5）完成局域网的接入配置。

（6）查看网络连接状态。

（7）在局域网中共享、访问软硬件资源。

【知识准备】

掌握制作网线的方法，计算机在局域网中的接入配置方法，测试网络连接状态的方法。

【任务实施】

1. 准备工具

1）双绞线压线钳

双绞线压线钳用于压接 RJ－45 接头（即水晶头），此工具是制作双绞线网线的必备工具。通常压线钳根据压脚的多少分为4P、6P、8P 几种型号，网络双绞线必须使用8P 的压线钳，如图 3－1 所示。

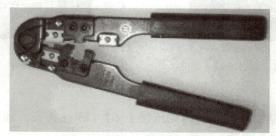

图 3－1　双绞线压线钳

2）双绞线测试仪

一般的双绞线测试仪可以通过使用不同的接口和不同的指示灯来检测双绞线。测试仪有两个可以分开的主体，方便连接不在同一房间或者距离较远的网线的两端，如图 3－2 所示。

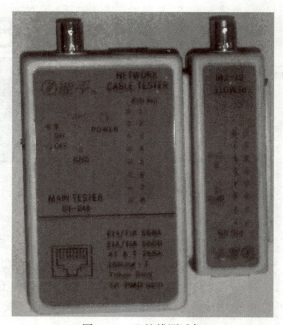

图 3－2　双绞线测试仪

3）RJ-45 水晶头

所谓双绞线缆的制作，就是将双绞线的两端与专用的端头连接的过程，此专用端头通常称为水晶头，用于局域网连接的水晶头称为 RJ-45 水晶头，如图 3-3 所示。用于电话线缆连接的为 RJ-11 水晶头，如图 3-4 所示。

图 3-3　RJ-45 水晶头

图 3-4　RJ-11 水晶头

2. 制作网线

制作双绞线网线就是给双绞线的两端压接上 RJ-45 连接头。通常，每条双绞线的长度不超过 100 m。连接方法有两种：正常连接和交叉连接。

正常连接（T568B）：是将双绞线的两端分别依次按"橙白、橙、绿白、蓝、蓝白、绿、棕白、棕"的顺序（这是国际 EIA/TIA 568B 标准，也是当前公认的 10Base-T 及 100Base-TX 双绞线的制作标准）压入 RJ-45 连接头内，如图 3-5 所示，这种方法制作的网线用于计算机与集线器的连接。

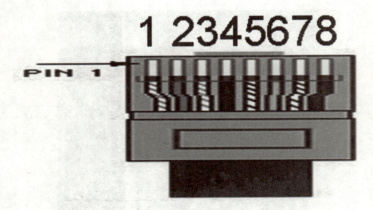

图 3-5　正常连接模式

交叉连接（T568A）：是将双绞线的一端按国际压线标准，即"橙白、橙、绿白、蓝、蓝白、绿、棕白、棕"的顺序压入 RJ-45 连接头内；另一端将芯线 1 和 3、2 和 6 对换，即依次按"绿白、绿、橙白、蓝、蓝白、橙、棕白、棕"的顺序压入 RJ-45 连接头内。这种方法制作的网线用于计算机与计算机的连接或集线器的级联，如图 3-6 所示。

双绞线中每根芯线的作用：如果将 5 类双绞线的 RJ – 45 连接头对着自己，带金属片的一端朝上，那么从左到右各插脚的编号依次是 1 到 8，不管是 100 Mbps 的网络还是 10 Mbps 的网络，8 根芯线都只使用了 4 根。1、2、3、6 为有效线，它是负责传输和接收数据的。4、5 用于电话；7、8 备用。

插脚编号及作用：1 脚输出数据（+）；2 脚输出数据（－）；3 脚输入数据（+）；4 脚保留为电话使用；5 脚保留为电话使用；6 脚输入数据（－）；7 脚保留为电话使用；8 脚保留为电话使用。

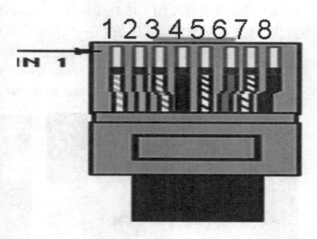

图 3 – 6　交叉连接模式

制作方法如下：

（1）剪一段适当长度的双绞线。

（2）用压线钳将双绞线一端的外皮剥去约 2.5 cm，并将 4 对芯线成扇形分开，从左到右顺序为橙白/橙、蓝白/蓝、绿白/绿、棕白/棕。这是刚刚剥开线时的默认顺序。如图 3 – 7 所示。

（3）将双绞线的芯线按连接要求的顺序排列。

（4）将 8 根芯线并拢，要在同一平面上，而且要直。

（5）将芯线剪齐，留下大约 1.5 cm 的长度，注意不要太长或太短，护套线内的导线预留大约半寸的长度，主要满足该长度恰好让导线插进水晶头里面，如图 3 – 8 所示。

图 3 – 7　剥皮双绞线

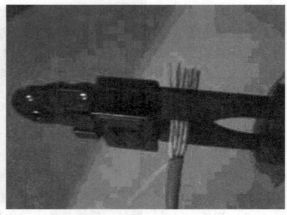

图 3 – 8　剪齐芯线

温馨提示：如果平行的部分太长，芯线间的相互干扰会增强，在高速网络下会影响效率。如果太短，接头的金属片不能完全接触到芯线，会导致接触不良，使故障率增加。

（6）将双绞线插入 RJ-45 连接头中，注意将连接头的卡榫朝下，金属铜片向前，插入双绞线的空心口对准自己，左边的第一线槽即为第一脚。

（7）检查 8 根芯线是否已经全都充分、整齐地排放在连接头的里面，如图 3-9 所示。

（8）用压线钳用力压紧连接头后取出即可，如图 3-10 所示。

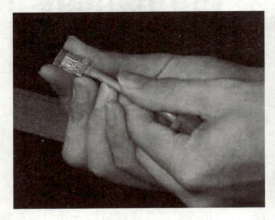
图 3-9　连接水晶头

图 3-10　压紧水晶头

（9）重复上面的步骤，制作另一端的连接头。

（10）一根双绞线网线就制作完成，然后使用测线仪进行线路测试。

3. 安装网卡

网卡是网络接口卡 NIC（Network Interface Card）的简称，它是局域网最基本的组件之一。网卡安装在网络计算机和服务器的扩展槽中，充当计算机和网络之间的物理接口，因此可以简单地说网卡就是接收和传送数据的桥梁。网卡根据传输速率可分为：10 Mbps 网卡（ISA 插口或 PCI 插口）、100 Mbps PCI 插口网卡、10 Mbps/100 Mbps 自适应网卡和千兆网卡。网卡的安装又分为安插网卡和安装网卡驱动程序。

制作双绞线

1）安插网卡

安插网卡与安插其他接口卡（如显卡、声卡）一样。具体操作的方法如下：

（1）将双手触摸一下其他金属物体，释放身上的静电，以防烧坏主板及其他设备。

（2）关闭计算机及其他外设的电源，注意不要带电操作，将计算机背面的接线全部拔掉。

（3）卸掉主机外壳螺丝，缓缓将外壳向外拉出，打开主机机箱。

（4）从防静电袋中取出网卡，将网卡插入空的与其相匹配的主板插槽中，使网卡上面的一个螺丝孔正好贴在机箱的接口卡固定面板上，而且与接口卡固定面板上的孔也很接近，拧上螺丝固定，如图 3-11 所示。

（5）装上机壳，拧上螺丝，并将先前拆下的机箱后面的接线连接好。

2）安装网卡驱动程序

网卡安插完成后，有两种方法安装网卡驱动程序。

正常的情况：重新开机进入 Windows 时便会自动出现"找到新硬件"的提示框；接着，系统会提示插入 Windows 光盘；插入 Windows 光盘后，系统会自动完成网卡驱动程序的安装。

图3-11 安插网卡

另一种情况：网卡无法被系统识别，重新开机时没有找到。这时可以手工添加网卡驱动程序，方法如下：

（1）右击桌面"计算机"图标，在快捷菜单中选择"属性"命令，在弹出的"系统"窗口中选择"设备管理器"。

（2）在弹出的"设备管理器"窗口中，右击"网络适配器"，选择"扫描检测硬件改动（A）"，如图3-12所示。

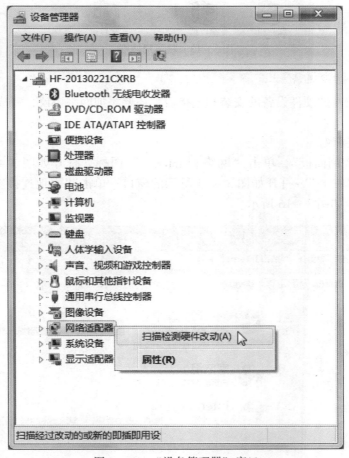

图3-12 "设备管理器"窗口

（3）右击检测到的新安装的网卡，在快捷菜单中选择"属性"命令，在弹出的"属性"

窗口中选择"驱动程序"选项卡。

（4）单击"更新驱动程序"按钮，按照更新驱动程序向导的提示完成更新驱动程序的操作。

4. 连接局域网硬件

星形局域网的拓扑结构中，各节点通过点到点的方式连接到一个中央节点（一般是集线器或交换机）。本任务中每台计算机都用一根双绞网线与集线器连接，即用双绞网线一端的 RJ－45 连接头插入计算机背面网卡的 RJ－45 插槽内；用另一端的 RJ－45 连接头插入集线器的空余 RJ－45 插槽内。在插的过程中，要听到"咔"的一声，表示 RJ－45 连接头已经插好了，如图 3－13 所示。

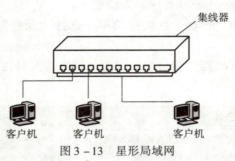

图 3－13　星形局域网

5. 完成局域网接入配置

完成组建局域网的硬件设备的安装和连接后，还要添加网络协议，完成局域网的接入配置。其具体操作如下：

1）设置网络协议

（1）打开"控制面板"，单击"网络和 Internet"图标，打开如图 3－14 所示的窗口，单击"网络和共享中心"，打开如图 3－15 所示的窗口，单击"本地连接"，打开"本地连接状态"对话框，如图 3－16 所示。

图 3－14　"网络和 Internet"窗口

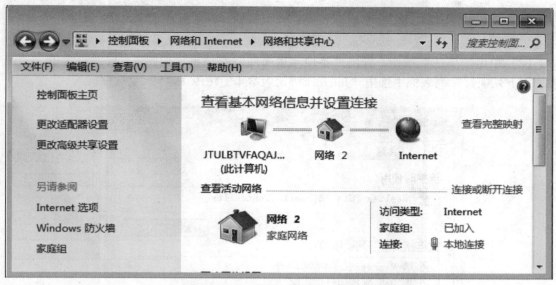

图 3 – 15　"网络和共享中心"窗口

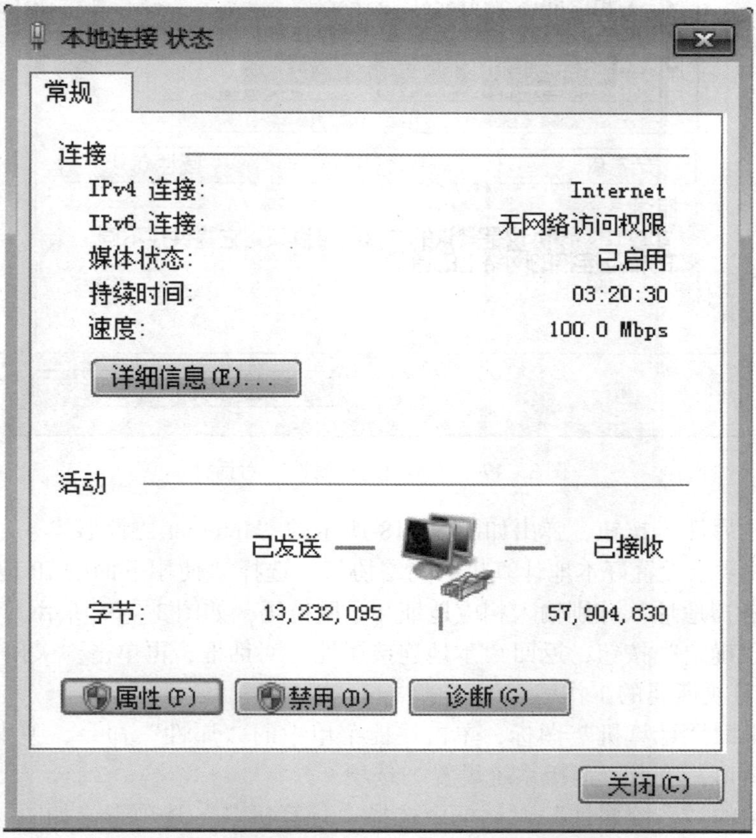

图 3 – 16　"本地连接状态"对话框

温馨提示：在任务栏的通知区域中，单击"网络连接"图标，在弹出的窗口中，可查看网络连接状态，单击"打开网络和共享中心"可打开其对应的窗口。

（2）单击"属性"按钮，弹出"本地连接属性"对话框，如图 3－17 所示。在"此连接使用下列项目"列表框中选中"Internet 协议版本 4（TCP/IPv4）"复选框。

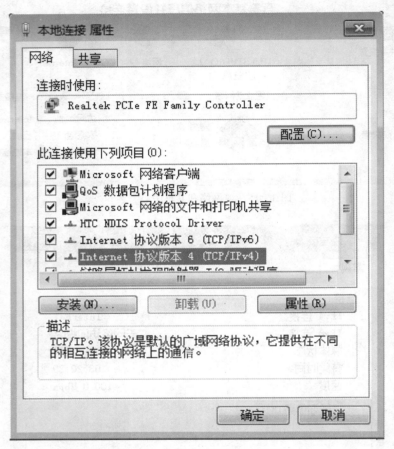

图 3－17 "本地连接属性"对话框

（3）单击"属性"按钮，弹出如图 3－18 所示的"Internet 协议版本 4（TCP/IPv4）属性"对话框。按要求设置好本地计算机的网络协议，选择"使用下面的 IP 地址"和"使用下面的 DNS 服务器地址"分别输入相应地址和子网掩码，如图 3－19 所示。

（4）单击"确定"按钮，返回"本地连接属性"对话框，再单击"关闭"按钮。

2）标识计算机所属的工作组

（1）右击桌面"计算机"图标，单击快捷菜单中的"属性"命令，弹出如图 3－20 所示的"系统"窗口，单击"高级系统设置"选项。

（2）在弹出的"系统属性"对话框中选择"计算机名"选项卡，如图 3－21 所示，输入本地计算机名称，单击"更改"按钮，弹出"计算机名/域更改"对话框，如图 3－22 所示。

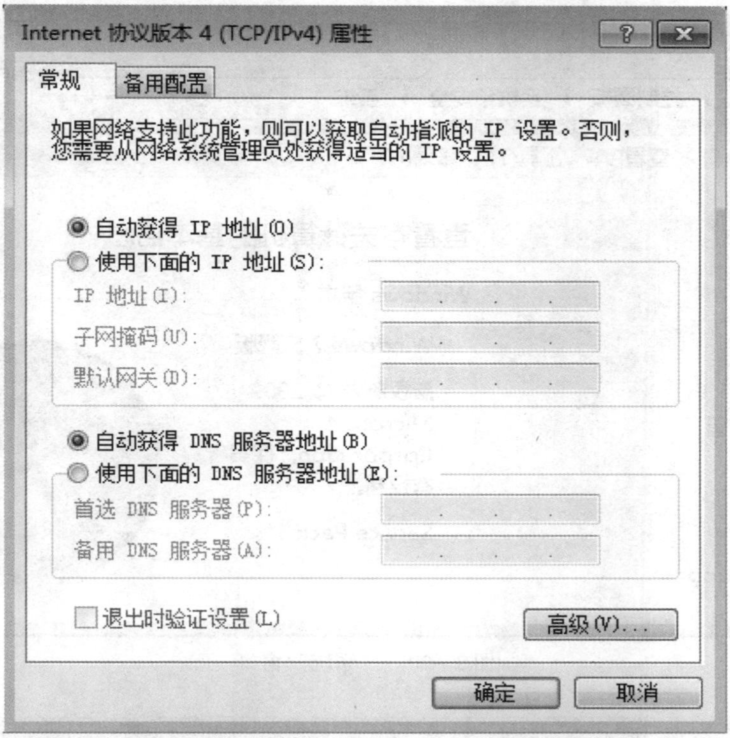

图 3 - 18　"Internet 协议版本 4（TCP/IPv4）属性" 对话框

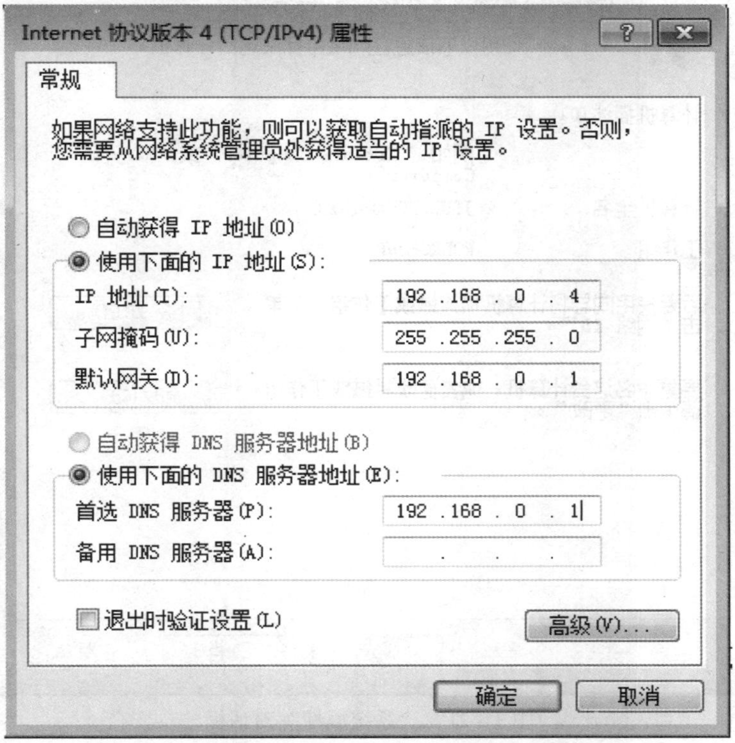

图 3 - 19　设置 TCP/IP 协议

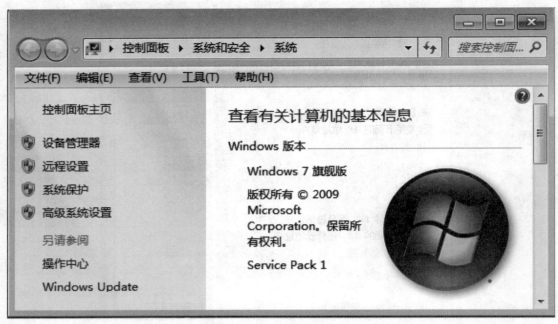

图 3 – 20   "系统"窗口

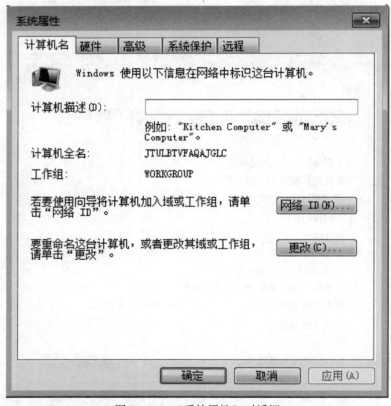

图 3 – 21   "系统属性"对话框

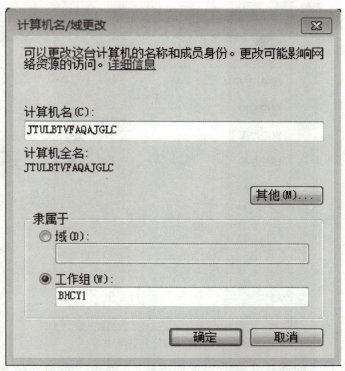

图 3 - 22　"计算机名/域更改"对话框

（3）在"计算机名"文本框中可以输入新的计算机名称，在"工作组"文本框中可以更改计算机所在的工作组名称，比如"BHCY1"。然后单击"确定"按钮，系统弹出如图 3 - 23 所示的信息提示框，单击"确定"按钮，系统提示重新启动后更改生效，可立即重启也可稍后重启。

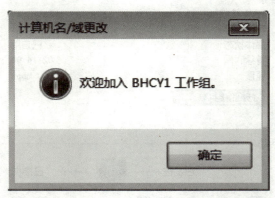

图 3 - 23　信息提示框

6. 查看网络连接状态

（1）右击窗口右下角的网络连接图标，选择"打开网络和共享中心"，如图 3 - 24 所示。

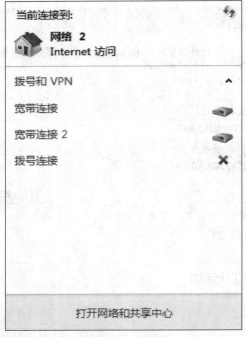

图 3 – 24　打开网络和共享中心

（2）找到目前有效的连接，单击"本地连接"，弹出"本地连接状态"对话框，如图 3 – 25 所示，可查看本地连接的活动状态。

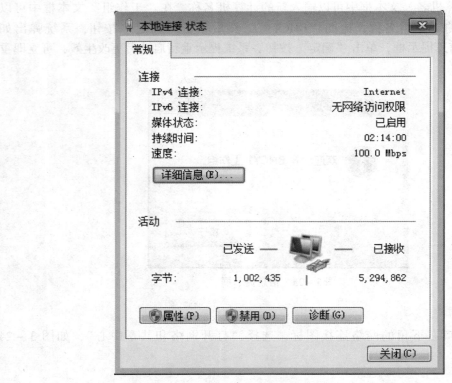

图 3 – 25　本地连接状态

7. 更改网络连接模式

（1）右击窗口右下角的网络连接图标，选择"打开网络和共享中心"，弹出如图3-26所示界面。

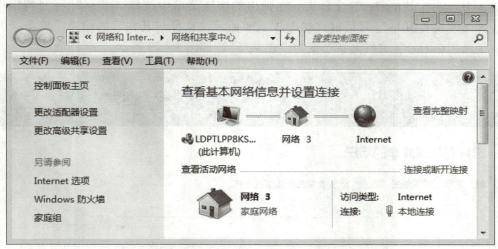

图3-26　"网络和共享中心"界面

（2）单击"家庭网络"，弹出"设置网络位置"对话框，如图3-27所示，选择"公用网络"，设置完成，单击"关闭"即可。

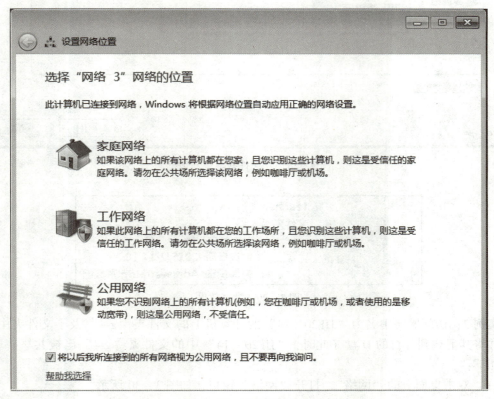

图3-27　设置网络位置

8. 在局域网中共享、访问软硬件资源

实例1：在 D 盘上建立名为"teacher"的文件夹，设置为可以被局域网中的其他计算机读取。操作步骤如下：

进入 D 盘右击"teacher"文件夹，在弹出的快捷菜单中选择"共享"→"特定用户"命令，弹出"文件共享"对话框，如图 3 – 28 所示，选择与其共享的用户，单击"共享"按钮，于是"teacher"文件夹状态变为"已共享"，如图 3 – 29 所示。

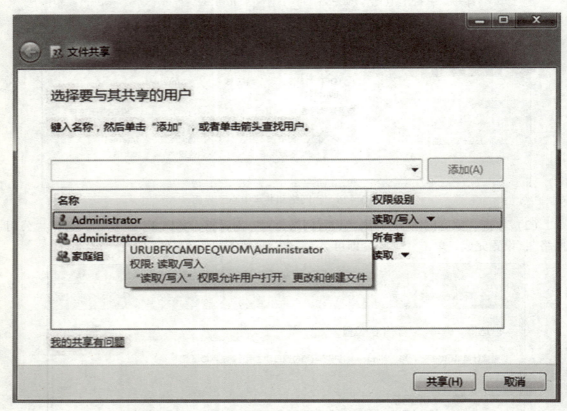

图 3 – 28　"文件共享"对话框

图 3 – 29　共享效果

实例2：访问网络中名为"JJF20 – 14"的计算机上的文件夹"gs4"及子文件夹中的内容，并将其下载到各自的 D 盘（此时，"JJF20 – 14"中的文件夹"gs4"已被共享）。操作步骤如下：

（1）双击桌面上的"网络"，打开"网络"窗口，如图 3 – 30 所示。

图 3 – 30　"网络"窗口

（2）双击"JJF20 – 14"，弹出的窗口中则显示"JJF20 – 14"中的共享文件夹"gs4"等，如图 3 – 31 所示；此时即可按照 Windows 资源管理器的一般方法，复制并下载"gs4"文件夹中的所有文件和子文件夹。

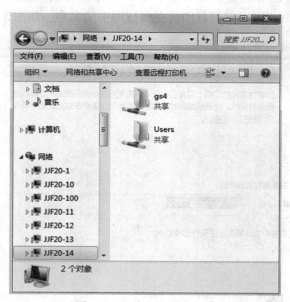

图 3 – 31　共享文件夹窗口

温馨提示：想快速访问指定机器的资源，可单击"开始"菜单，选择"运行"命令，输入"\\" + 对方 IP 即可。

实例 3：设置共享打印机。在 Windows 7 中还可对打印机、光驱等硬件进行共享设置。下面以设置共享打印机为例，讲解在 Windows 7 中对硬件进行共享设置的方法。其具体操作如下：

（1）选择"开始"→"设备和打印机"命令，打开"设备和打印机"窗口，如图 3 – 32 所示。

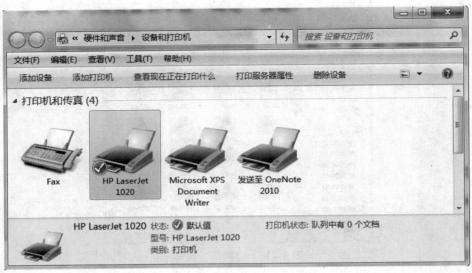

图 3 -32　"设备和打印机"窗口

（2）在已安装的某个打印机图标上右击，在弹出的快捷菜单中选择"打印机属性"命令。

（3）弹出相应的属性对话框，在其中选中"共享这台打印机"复选框，激活其下的"共享名"文本框，在其中可设置该打印机在局域网中的名称，如图 3 - 33 所示。

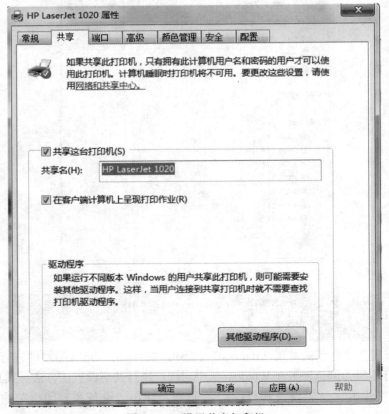

图 3 - 33　设置共享打印机

（4）完成设置后单击"确定"按钮。

实例4：添加网络打印机。局域网中的用户只需要在本地计算机上安装网络打印机，便可以使用被共享的打印机，下面通过打印机安装向导安装网络打印机。

（1）选择"开始"→"设备和打印机"命令，打开"设备和打印机"窗口，如图3 – 32 所示，单击"添加打印机"选项卡。

（2）在弹出的对话框中选中"添加网络、无线或 Bluetooth 打印机"选项，如图3 – 34 所示，系统开始搜索可用的打印机，如图3 – 35 所示。

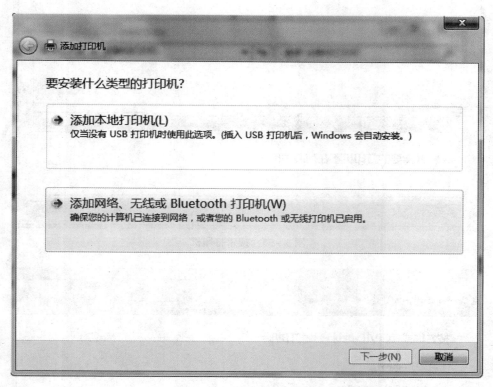

图3 – 34　添加网络打印机

（3）在弹出的对话框中选中"浏览打印机"单选按钮，如图3 – 36 所示，单击"下一步"按钮，在"浏览打印机"对话框的列表框中选择需要安装的打印机。

（4）在弹出的对话框中单击"完成"按钮，结束安装。

【任务总结】

本任务通过局域网的组建与应用，使读者掌握如何制作网线、如何连接局域网的硬件、如何完成局域网的接入配置，掌握在局域网中共享、访问软硬件资源。

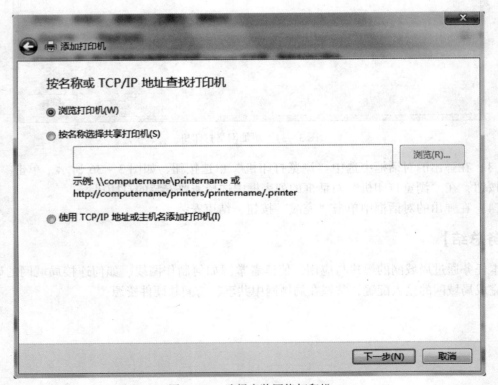

图 3 – 35　搜索打印机

图 3 – 36　选择安装网络打印机

任务二　IE 浏览器的设置与使用

【任务目标】

本任务通过使用 IE 浏览器，进行浏览、查找与保存网络资源的操作。期望读者掌握以下操作技能：

(1) 掌握对 IE 浏览器的参数进行设置的方法。

(2) 学习掌握 IE 浏览器基本的使用方法。

(3) 能应用 IE 浏览器浏览网页、下载文件。

(4) 对 IE 浏览器的收藏夹等进行管理。

【任务分析】

(1) 设置 IE 浏览器。

(2) 使用 IE 浏览器浏览互联网信息。

(3) 网络资源查询与下载。

(4) 管理收藏夹与历史记录。

【知识准备】

Internet Explorer（简称 IE）是微软公司推出的一款网页浏览器。IE 浏览器功能丰富，可以保存完整的网页内容，通过收藏夹可实现脱机浏览，可以对工具栏进行设置。

【任务实施】

1. 设置 IE 浏览器

1）设置主页

主页是指浏览器打开时首先连接的站点。在默认的情况下，主页是微软的网页。我们可以把喜欢的网页或者经常访问的网页设为主页。请将主页设为"渤海船舶职业学院"的首页 http://www.bhcy.cn，其操作步骤如下：

(1) 打开 IE 浏览器，单击菜单栏中的"工具"→"Internet 选项"，如图 3 – 37 所示，弹出"Internet 选项"对话框，选择"常规"选项卡，如图 3 – 38 所示。

温馨提示：单击 IE 浏览器工具栏右侧的"工具"按钮（即"齿轮"图标），在下拉菜单中也可以选择"Internet 选项"。

(2) 在"主页"文本框中直接输入网址"http://www.bhcy.cn/"，如图 3 – 39 所示；或者在 IE 浏览器中打开"渤海船舶职业学院"的首页，单击"使用当前页"按钮。

(3) 设置完成，单击"确定"按钮，使设置生效。

2）删除浏览历史记录

浏览历史记录是用户在网上冲浪时 Internet Explorer 存储在计算机上的信息。为了帮助提升体验，这里包括输入到表单中的信息、密码和访问过的站点。但是，如果你使用的是共享或公共计算机，为防止泄露隐私，可以删除 Internet Explorer 保存历史记录。

信息技术基础——案例与习题（上）

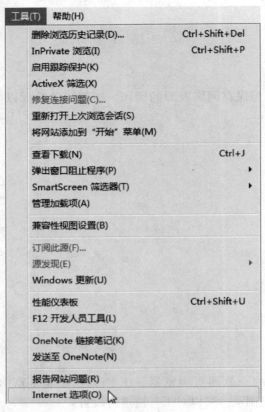

图 3 – 37 "Internet 选项"菜单

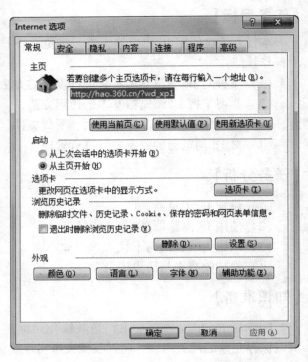

图 3 – 38 "Internet 选项"对话框

图 3 – 39 修改主页对话框

（1）单击菜单栏中的"工具"→"Internet 选项"，弹出"Internet 选项"对话框，选择"常规"选项卡，如图 3 – 38 所示。

（2）在"浏览历史记录"选项组中，单击"删除"按钮，打开"删除浏览历史记录"对话框，选中"临时 Internet 文件和网站文件""Cookie 和网站数据""下载历史记录"和"表单数据"复选框，如图 3 – 40 所示，单击"删除"按钮，返回上一级对话框，单击"确定"按钮。

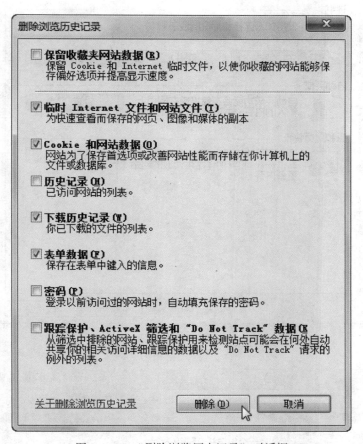

图 3 – 40　"删除浏览历史记录"对话框

3）家庭安全设置

对不同的信息来源设置不同的安全等级和具体的安全等级内容，其操作步骤如下：

（1）在打开的如图 3 – 38 所示的"Internet 选项"对话框中，单击"内容"选项卡，如图 3 – 41 所示，单击"家庭安全"按钮，弹出"家长控制"窗口，如图 3 – 42 所示。

（2）在"家长控制"窗口中的"用户"下面单击"创建新用户账户"，按提示创建受密码保护的标准用户"chenlei"，如图 3 – 43 所示。

（3）单击新建的标准用户"chenlei"，打开"用户控制"窗口，选中"启用，应用当前设置"单选按钮，如图 3 – 44 所示，然后用户就可以针对"时间限制""游戏""允许和阻止特定程序"等内容进行设置。

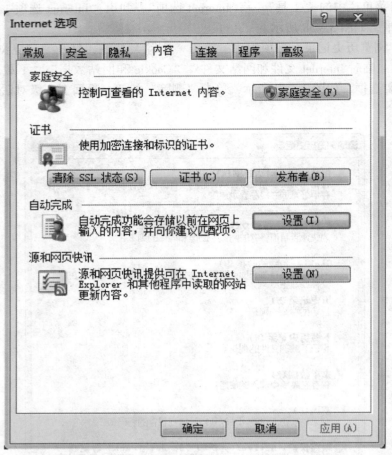

图 3-41　"内容"选项卡

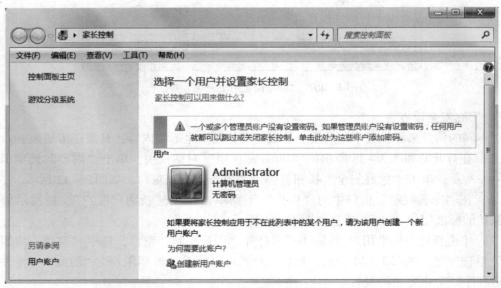

图 3-42　"家长控制"窗口

图 3 – 43　创建受密码保护的标准用户

图 3 – 44　"用户控制"窗口

4）设置"隐私"选项卡

（1）打开 IE 浏览器，单击菜单栏中的"工具"→"Internet 选项"，在"Internet 选项"对话框中选择"隐私"选项卡，如图 3 – 45 所示。在"选择 Internet 区域设置"下面，设定了"阻止所有 Cookie""高""中高""中""低""接受所有 Cookie"六个级别（默认为"中"），用户只要拖动滑块就可以方便地进行设定。

> 温馨提示：Cookie，指某些网站为了辨别用户身份、进行 session 跟踪而存储在用户本地终端上的数据（通常经过加密）。网站可以利用 Cookie 跟踪统计用户访问该网站的习惯，比如什么时间访问，访问了哪些页面，在每个网页的停留时间等。利用这些信息，一方面可以为用户提供个性化的服务，另一方面，也可以作为了解所有用户行为的工具。Cookie 包含了一些敏感信息：用户名，计算机名，使用的浏览器和曾经访问的网站。如果用户不希望这些信息泄露出去，可以通过滑块选择相应的级别来管理 Cookie。

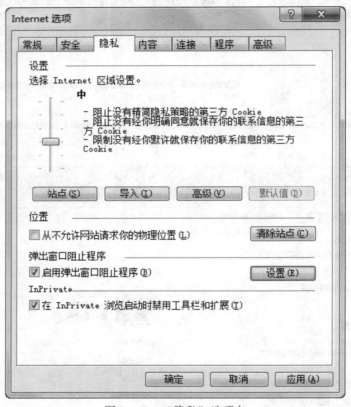

图 3 – 45 "隐私"选项卡

（2）将"设置"栏中的滑块调节到最高，这样将阻止来自所有网站的 Cookie，而且计算机上的已有 Cookie 文件也不能被网站读取，如图 3 – 46 所示。

（3）单击"弹出窗口阻止程序"选项组中的"设置"按钮，弹出如图 3 – 47 所示的对话框。

（4）在"要允许的网站地址"文本框中输入允许的网址，比如："http://www.bhcy.cn/"，单击"添加"按钮，将其添加到"允许的站点"列表框中，如图 3 – 48 所示，从而允许来自该站点的弹出窗口。

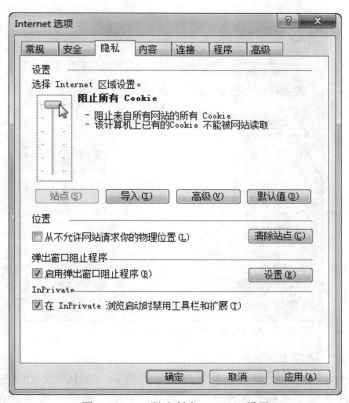

图 3 – 46　"阻止所有 Cookie" 设置

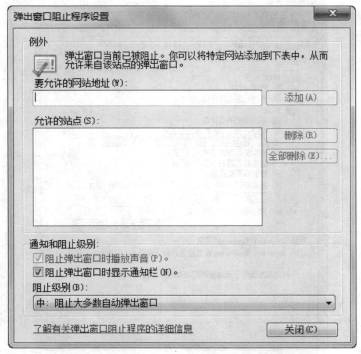

图 3 – 47　"弹出窗口阻止程序设置" 对话框

图 3 - 48　添加要允许的网站地址

5）设置"高级"选项卡

在"Internet 选项"对话框中，单击"高级"选项卡，选中"关闭浏览器时清空'Internet 临时文件'文件夹"复选框，如图 3 - 49 所示，单击"确定"按钮，在这里可以调整浏览器的各项设置，但不要随意改动这里的设置，否则有可能造成浏览器使用不正常。

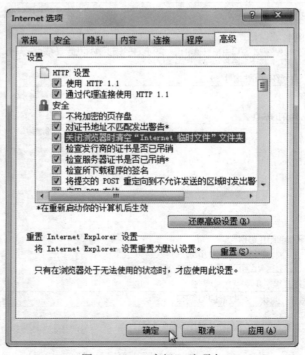

图 3 - 49　"高级"选项卡

温馨提示：通常许多人为了提高上网的速度将"播放网页中的动画""播放网页中的声音""播放网页中的视频""显示图片"和"智能图像抖动"各项复选框取消选中。但对一般上网的用户来说，没有特殊的要求，一般不对"高级"选项进行设置。

2. 使用 IE 浏览器浏览 Internet 信息

1）启动 IE 浏览器

连接到互联网后，单击"开始"菜单，依次选择"所有程序"→"Internet Explorer"，或双击桌面上的 IE 图标，或单击任务栏中的 IE 图标，都可以启动如图 3-50 所示的 IE 浏览器。

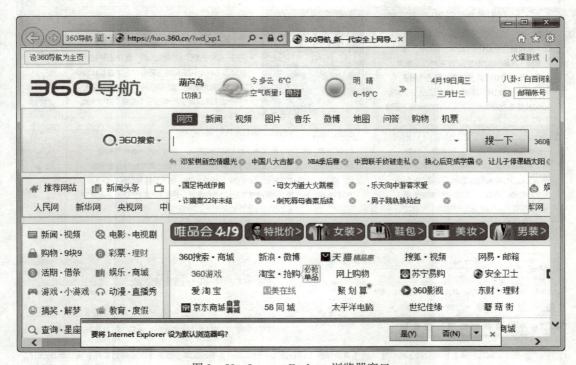

图 3-50 Internet Explorer 浏览器窗口

2）使用 IE 浏览器浏览信息

（1）在地址栏中输入要访问的网址，这里输入中国教育和科研计算机网的网址"http://www.edu.cn/"，则链接后的窗口如图 3-51 所示。

（2）在图 3-51 中，单击页面中的"科研发展"，链接到新页面，再单击"高校科研"，又链接到新页面，如图 3-52 所示，以此类推单击网页上的超链接就可打开其相关的页面。

（3）单击命令栏中的"页面"→"缩放"→"150%"，可将页面放大，如图 3-53 所示的界面。

（4）单击命令栏中的"页面"→"全屏"命令或按"F11"快捷键，如图 3-54 所示，可以全屏显示浏览器。

图 3-51　中国教育和科研计算机网主页

图 3-52　"高校科研"页面

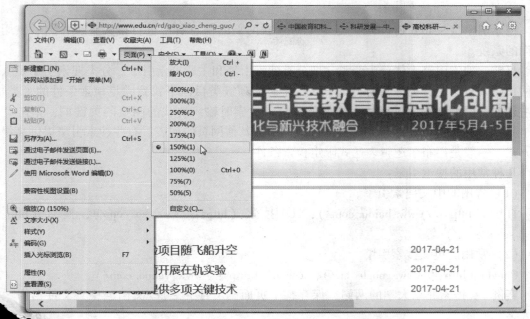

图 3 – 53　放大页面

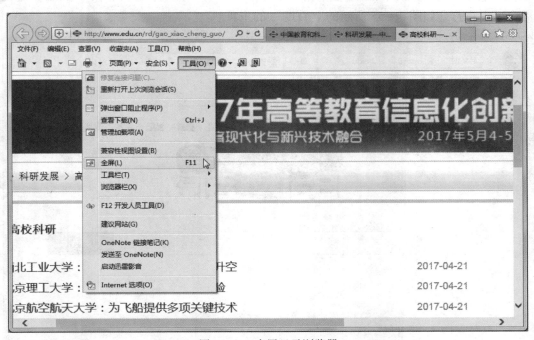

图 3 – 54　全屏显示浏览器

　　温馨提示： 有时想用一个新窗口打开另一 Web 页面而又不想关闭当前窗口，则可按住 "Shift" 键并单击任一链接，就会弹出一个新的 IE 窗口，显示该链接所指定的 Web 页面。或者在一个链接上右击，在弹出的快捷菜单中，选择 "在新窗口中打开" 命令即可。

3. 网络资源保存与下载

搜索引擎（Search Engines）是一个对互联网上的信息资源进行搜集整理，然后供用户查询的系统。

目前，搜索引擎大体分为两类，即分类搜索引擎和主题搜索引擎。分类搜索引擎是人工将网页归入自己的分类体系的类目下，检索时从顶级类目向下找到满足检索条件的子类目；而主题搜索引擎则按关键词标引访问的网页，检索时输入要找的网页的关键词，单击"搜索"按钮，然后可以看到包含选择的词或词组的其他网页的列表。有些搜索引擎提供高级检索方式，一般是用布尔逻辑表达式限定检索条件。

几种常用的搜索引擎：

（1）常用的中文搜索引擎。

百度（https://www.baidu.com/），360搜索（https://www.so.com/），搜狐（http://www.sohu.com/）等。

（2）常用的英文搜索引擎。

Google（http://www.google.cn/），Yahoo!（https://www.yahoo.com/）。

实例1：搜索北京大学的网站，保存整个页面到文件夹"库/文档"中，文件名为"北京大学"。

（1）启动IE浏览器，在地址栏中输入"https://www.baidu.com/"，按"Enter"键，浏览器窗口中将打开如图3-55所示的"百度"的主页。

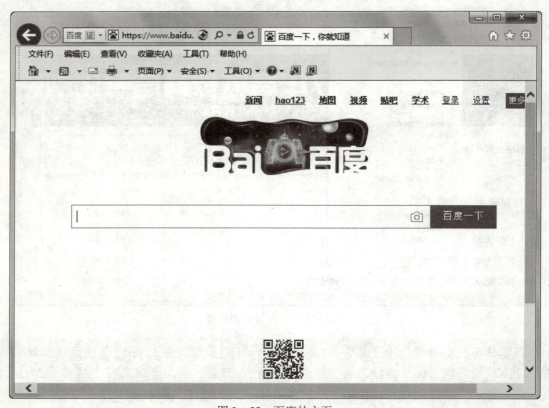

图3-55　百度的主页

（2）在"百度"主页的搜索框内输入"北京大学"，单击"百度一下"按钮，稍后即可显示百度搜索的结果，如图3－56所示。

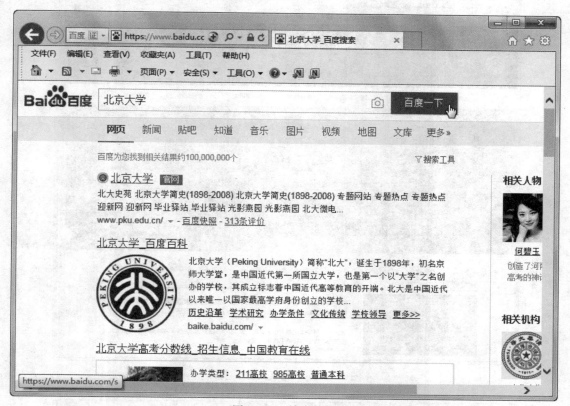

图3－56　搜索结果

（3）在百度搜索结果的页面中，单击"北京大学"超链接，就可以打开如图3－57所示的"北京大学"的主页（单击其他超链接，还可以打开其他网页进行浏览）。

（4）单击菜单"文件"→"另存为"命令，弹出"保存网页"对话框，选择保存位置为："库\文档"，文件名为："北京大学"，保存类型为："网页，全部"，如图3－58所示。

实例2：保存图片。

网页中的图片包括网页图片和背景图片，可以根据用户的要求以文件的形式单独保存到指定的位置。搜索并保存"大海"的图片。

（1）在"百度"的搜索栏中输入"大海图片"，显示百度搜索的结果，如图3－59所示。

（2）在选择的图片上右击，在弹出的快捷菜单中选择"图片另存为"命令，如图3－60所示。

（3）在弹出的"保存图片"对话框中进行保存设置。

实例3：查找暴风影音软件的下载地址，下载安装暴风影音软件。

（1）启动IE浏览器，在地址栏中输入"https://www.baidu.com"，按"Enter"键，浏览器窗口中将打开"百度"的主页，在文本框中输入"下载暴风影音"，稍后就可看到如图3－61所示的搜索结果页面。

图 3 - 57 　"北京大学"主页

图 3 - 58 　"保存网页"对话框

图 3 – 59　搜索结果

（2）在如图 3 – 61 所示的搜索结果的页面中，单击"暴风影音 5 最新官方版下载"超链接，即可打开如图 3 – 62 所示的"暴风影音"的主页。

（3）在如图 3 – 62 所示的"暴风影音"下载页面中，单击"立即下载最新版"按钮，即可弹出运行或保存的对话框，单击"保存"按钮，然后设置保存的位置，文件就可以开始下载。

（4）下载完毕后，可以单击"打开"按钮运行下载的文件，也可以单击"取消"按钮以后再运行。

4. 管理收藏夹与历史记录

1）整理收藏夹

（1）单击"Internet Explorer"窗口上的菜单"收藏夹"→"整理收藏夹"命令，打开如图 3 – 63 所示的"整理收藏夹"对话框。

图 3－60　选择"图片另存为"命令

图 3－61　搜索结果

图 3 - 62　"暴风影音"下载页面

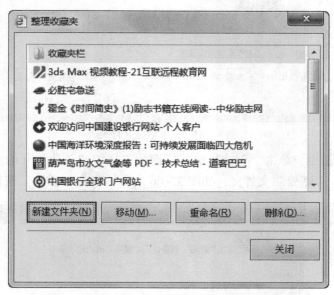

图 3 - 63　"整理收藏夹"对话框

（2）在"整理收藏夹"对话框中，单击"新建文件夹"按钮，系统将新建一个文件夹，然后在文件名位置上输入"高校"，如图 3 - 64 所示，单击"关闭"按钮。

（3）在浏览器地址栏中输入"http：//www. bhcy. cn"，按"Enter"键打开"渤海船舶职业学院"主页，选择"收藏夹"菜单的"添加到收藏夹"命令，打开"添加收藏"对话框，如图 3 - 65 所示。

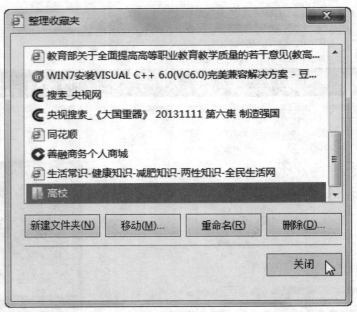

图 3-64　新建文件夹

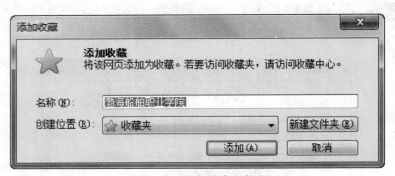

图 3-65　添加收藏文件夹

（4）在该对话框中，单击"创建位置"后面的下拉按钮，从打开的"创建位置"列表框中选择存放位置："高校"文件夹，如图 3-66 所示，单击"添加"按钮。

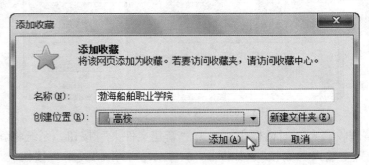

图 3-66　存放到"高校"文件夹

2）设置历史记录

（1）单击菜单栏中的"工具"→"Internet 选项"，在"Internet 选项"对话框中的"常规"选项卡下，单击"浏览历史记录"选项组中的"设置"按钮，弹出"网站数据设置"对话框。

（2）选择"历史记录"选项卡，将"在历史记录中保存网页的天数"设置为 5，如图 3 - 67 所示，单击"确定"按钮。

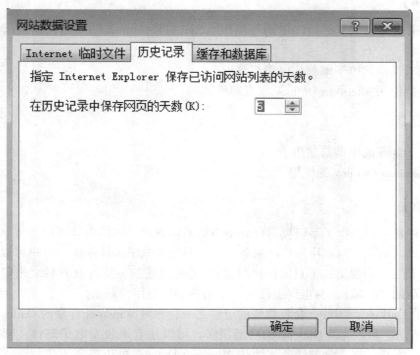

图 3 - 67　"网站数据设置"对话框

（3）清除已浏览过的网址，在"Internet 选项"对话框中的"常规"选项卡下选中"浏览历史记录"选项组中的"退出时删除浏览历史记录"复选框即可。

温馨提示：若只想清除部分记录，单击 IE 工具栏上的"历史"按钮，在左栏的地址历史记录中，找到希望清除的地址或其下网页，单击鼠标右键，从弹出的快捷菜单中选取"删除"命令即可。

【任务总结】

本任务通过使用 IE 浏览器进行浏览、查找与保存网络资源的操作，使读者掌握 IE 浏览器基本的使用方法，提高使用 IE 浏览器的效率。

管理收藏夹与历史记录

任务三　电子邮件的使用

【任务目标】

本任务通过完成电子邮箱的申请与使用、Microsoft Outlook 的使用，期望读者掌握以下操作技能：

（1）完成某网站电子邮箱的申请与使用。

（2）学会使用 Microsoft Outlook 收发邮件。

【任务分析】

（1）电子邮箱的申请与使用。

（2）Microsoft Outlook 的使用。

【知识准备】

电子邮件是一种用电子手段提供信息交换的通信方式，邮件内容可以是文字、图像、声音等多种形式，是互联网应用最广的服务。通过网络的电子邮件系统，用户可以以非常低廉的价格（不管发送到哪里，都只需负担网费）、非常快速的方式（几秒钟之内可以发送到世界上任何指定的目的地），与世界上任何一个角落的网络用户联系。

Microsoft Outlook 是 Office 套装软件的组件之一，它对 Windows 自带的 Outlook Express 的功能进行了扩充。Microsoft Outlook 的功能很多，可以用它来收发电子邮件、管理联系人信息、记日记、安排日程、分配任务。使用 Microsoft Outlook 可以提高工作效率，并保持与个人网络和企业网络之间的连接。

【任务实施】

1. 电子邮箱的申请与使用

电子邮箱是通过网络电子邮局为网络客户提供的网络交流电子信息空间。电子邮箱具有存储和收发电子信息的功能，是因特网中最重要的信息交流工具。

1）申请一个新浪免费电子邮箱

（1）启动 IE 浏览器，在地址栏中输入"http://www.sina.com.cn/"，进入新浪主页，如图 3-68 所示。

（2）单击网页右上方的"邮箱"，打开如图 3-69 所示的新浪邮箱网页，单击"注册"按钮。

（3）在打开的"欢迎注册新浪邮箱"网页中，输入注册信息，然后单击"立即注册"按钮，如图 3-70 所示，即可成功申请邮箱。

图 3-68　新浪主页

图 3-69　新浪邮箱登录/注册网页

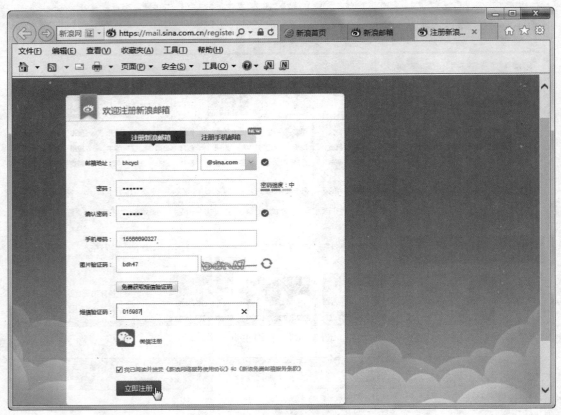

图 3 - 70   新浪免费电子邮箱注册页面

> **温馨提示**：一个完整的 Internet 邮件地址格式如下：用户标识符@域名，中间用符号 "@" 分开，符号的左边是注册时使用的用户标识符，右边是完整的域名，代表用户信箱的邮件接收服务器。

2）登录并使用邮箱发送信件

（1）登录邮箱。

步骤 1：启动 IE 浏览器，在地址栏中输入 "http://www.sina.com.cn/"，进入新浪主页，如图 3 - 68 所示。

步骤 2：单击网页右上方的 "邮箱"，打开如图 3 - 69 所示的新浪邮箱网页，输入邮箱的用户名和密码，单击 "登录" 按钮，即打开如图 3 - 71 所示的电子邮箱页面。

（2）发送普通电子邮件。

步骤 1：在电子邮箱界面中，单击 "写信" 按钮，进入写信界面，如图 3 - 72 所示，发件人的邮箱地址是系统自动添加的。

步骤 2：输入收件人的邮箱地址、邮件主题和正文内容，如图 3 - 73 所示，收件人的邮箱地址可以手动输入，也可以在联系人列表中查询后选取；邮件主题是用最简单的话概括一下邮件的内容，如果不写，邮件主题为 "无"；正文内容与信件格式基本相同，尽量简洁明了。

图 3 – 71　新浪电子邮箱页面

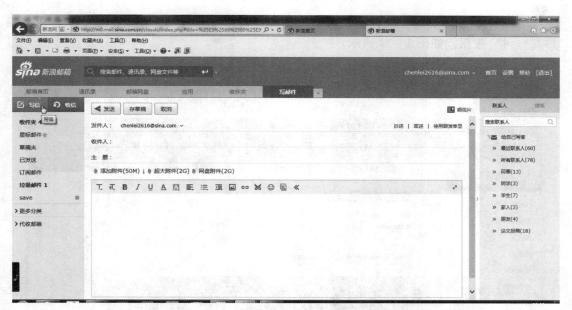

图 3 – 72　写信界面

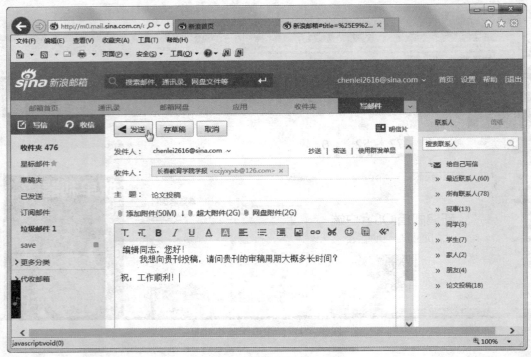

图 3-73 撰写电子邮件（1）

步骤 3：单击"发送"按钮，系统会提示邮件是否发送成功，如需继续写信，可单击"再写一封"按钮，如图 3-74 所示。

图 3-74 撰写电子邮件（2）

（3）发送带有附件的电子邮件。

步骤1：再次进入写信界面，填写收件人邮箱地址和主题，撰写信件内容，单击信件编辑框上方的"添加附件"按钮。

步骤2：弹出"选择要加载的文件"对话框，选择要添加的文件，单击"打开"按钮，附件上传至邮箱，如图3－75所示，之后单击"发送"按钮，将带附件的邮件发送出去，系统会提示是否发送成功。

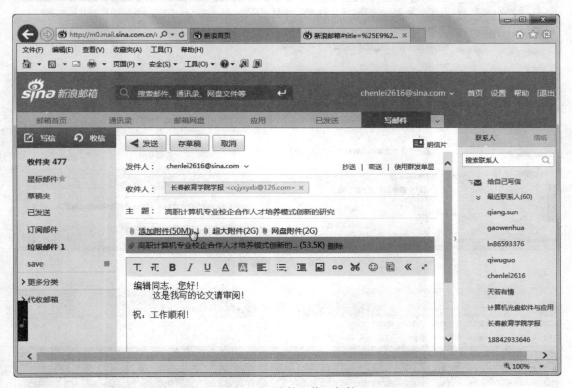

图3－75 附件上传至邮箱

3）接收邮件

（1）登录电子邮箱后，单击"收件夹"，显示已收到的邮件的相关信息，如图3－76所示，单击邮件主题，查看邮件内容。

（2）如果是带有附件的邮件，用户需要将附件下载到个人计算机，例如当前邮件中有一个名为"合作指南.docx"的 Word 文档附件，单击该附件文件，弹出询问要打开或保存附件的对话框，如图3－77所示。

（3）单击"保存"按钮，系统自动将文件保存到默认位置，单击"打开"按钮，即可打开文件，如图3－78所示。

图 3 - 76　查看接收邮件

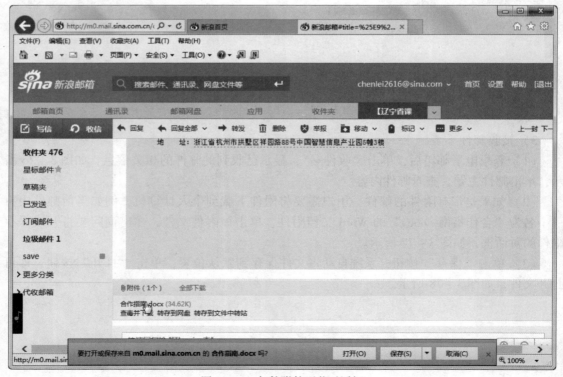

图 3 - 77　邮件附件下载对话框

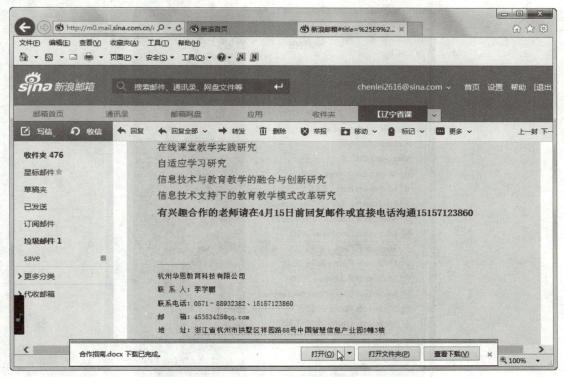

图 3 – 78　打开下载的附件

　　温馨提示：中国个人用户常见的、使用人数占主流的邮箱主要有：163 邮箱，3G 空间，支持超大 20M 附件，280M 网盘；新浪邮箱，容量 2G，最大附件 15M，支持 POP3；雅虎邮箱，容量 3.5G，最大附件 20M，支持 21 种文字；QQ 邮箱，容量很大，最大附件 50M，支持 POP3，提供安全模式，内置 WebQQ、阅读空间等。

电子邮箱的使用

2. Microsoft Outlook 的使用

　　目前，用于收发电子邮件的软件有很多，本节中介绍的是微软公司功能强大的电子邮件软件 Microsoft Outlook 2010。

　　（1）单击菜单"开始"→"所有程序"→"Microsoft Office"→"Microsoft Outlook 2010"，如图 3 – 79 所示。弹出"Microsoft Outlook 2010 启动"对话框，单击"下一步"按钮，如图 3 – 80 所示。

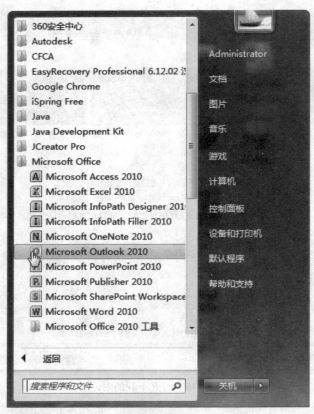

图 3 - 79　打开 Microsoft Outlook 2010

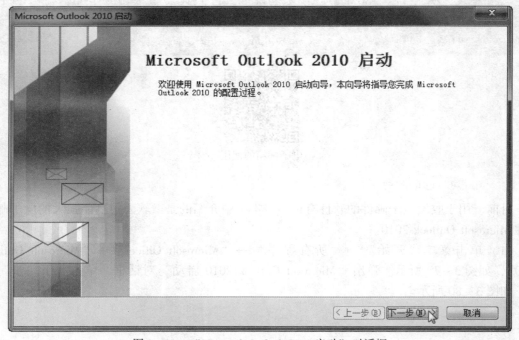

图 3 - 80　"Microsoft Outlook 2010 启动" 对话框

（2）在弹出的"账户配置"对话框中，显示"是否配置电子邮件账户?"的提示信息，选中"是"单选按钮，单击"下一步"按钮，如图3-81所示。

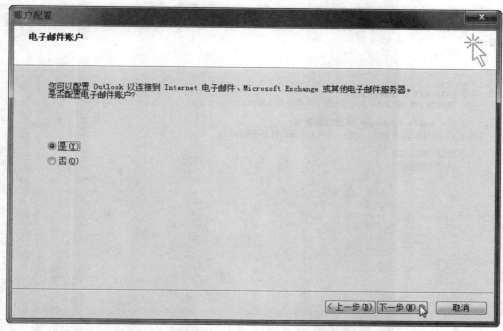

图3-81　"账户配置"对话框

（3）在弹出的"添加新账户"对话框中，选中"手动配置服务器设置或其他服务器类型"单选按钮，单击"下一步"按钮，如图3-82所示。

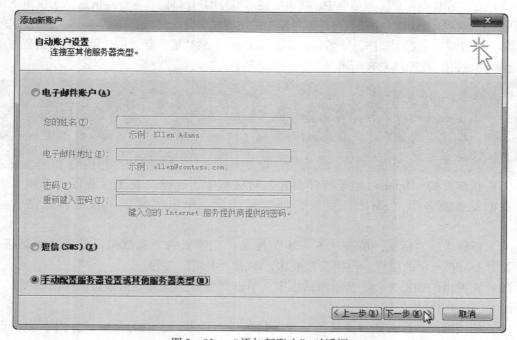

图3-82　"添加新账户"对话框

（4）在"添加新账户"对话框中，选中"Internet 电子邮件"单选按钮，单击"下一步"按钮，如图 3-83 所示。

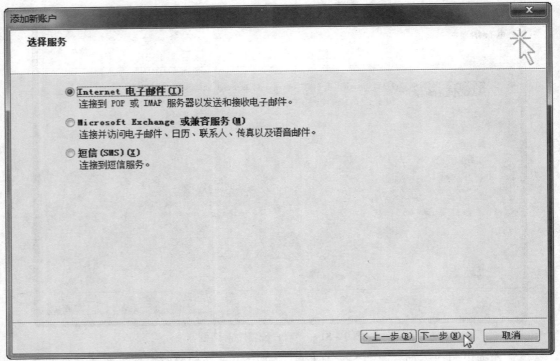

图 3-83   选择"Internet 电子邮件"

（5）在"添加新账户"对话框中，按页面提示填写用户信息，"服务器信息"选项组下面的"账户类型"选择"POP3"，"接收邮件服务器"的文本框中输入"pop. sina. com. cn"，"发送邮件服务器（SMTP）"的文本框中输入"smtp. sina. com. cn"，然后输入登录信息用户名和密码。单击"其他设置"按钮，如图 3-84 所示。

温馨提示：在新增邮件账户过程中，"您的姓名"字段中输入自己设置的名字，"您的姓名"用于在发送电子邮件时说明发件人，此姓名将出现在你所发送邮件的"发件人"一栏。邮件接收服务器一般是 POP3 类型，POP3 和 SMTP 地址可以到申请邮箱的网站查看，该地址可以是 IP 地址，也可以是域名。每个邮件账号用户可以设置一个密码。

（6）在弹出的"Internet 电子邮件设置"对话框中，选择"发送服务器"选项卡，选中"我的发送服务器（SMTP）要求验证"复选框，单击"确定"按钮，如图 3-85 所示。

（7）返回上级对话框，单击"下一步"按钮，在弹出的"测试账户设置"对话框中，出现如图 3-86 所示的信息，说明设置成功，单击"关闭"按钮。

（8）在弹出的如图 3-87 所示对话框中，单击"完成"按钮结束设置，弹出如图 3-88 所示的 Microsoft Outlook 窗口。

（9）使用前面新建的账户给自己发送一封邮件。要求：主题为"test"，内容为"现在测试 Microsoft Outlook！"。

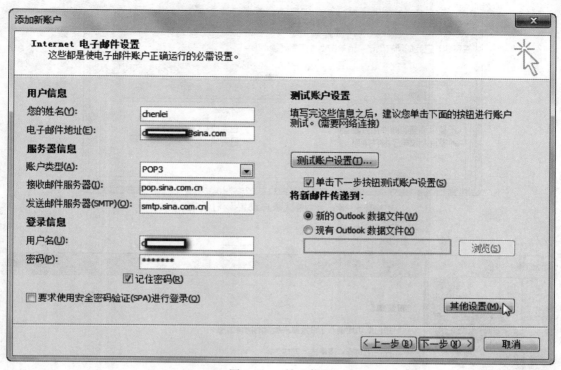

图 3 - 84　输入信息

图 3 - 85　"Internet 电子邮件设置"对话框

信息技术基础——案例与习题（上）

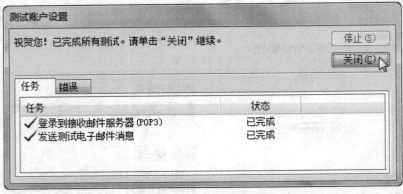

图 3 – 86 "测试账户设置" 对话框

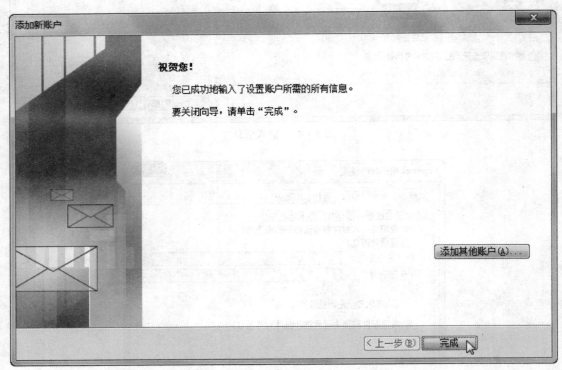

图 3 – 87 单击 "完成" 按钮

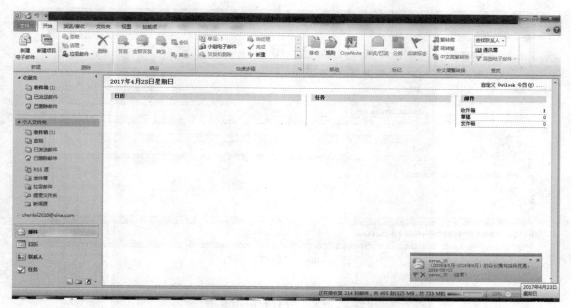

图 3 – 88　Microsoft Outlook 窗口

①在打开的 Microsoft Outlook 窗口中，单击"开始"选项卡→"新建"功能组→"新建电子邮件"按钮，如图 3 – 89 所示。

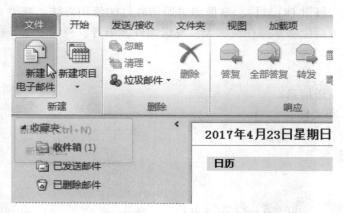

图 3 – 89　"新邮件"窗口

②弹出"邮件"窗口，在"收件人"文本框中输入收件人的邮件地址，在"主题"文本框中输入邮件的主题"test"，在正文编辑框中输入邮件的内容"现在测试 Microsoft Out-look!"，单击"发送"按钮，如图 3 – 90 所示。

【任务总结】

本任务通过完成电子邮箱的申请与使用，以及 Microsoft Outlook 的使用，提高读者使用电子邮件办公的效率。

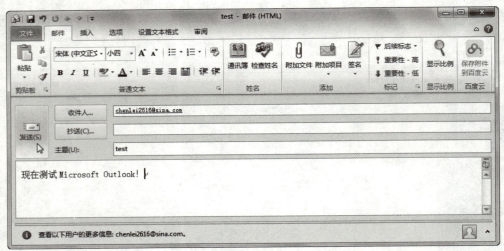

图 3 - 90 "邮件"窗口

任务四　QQ 的使用

【任务目标】

本任务通过使用腾讯 QQ 软件，掌握即时通信软件的使用方法。在整个任务过程中，期望读者在操作技能方面能够掌握在线聊天，发送文件，语音、视频通话等操作。

【任务分析】

（1）打开 QQ 发送信息。
（2）发送图片和文件。
（3）发起语音、视频通话。
（4）查找功能。

【知识准备】

腾讯 QQ（简称"QQ"）是腾讯公司开发的一款基于 Internet 的即时通信（IM）软件。腾讯 QQ 支持在线聊天、视频通话、点对点断点续传文件、共享文件、网络硬盘、自定义面板、QQ 邮箱等多种功能，并可与多种通信终端相连。目前 QQ 已经覆盖 Microsoft Windows、OS X、Android、iOS、Windows Phone 等多种主流平台。

【任务实施】

1. 打开 QQ 发送信息

（1）双击桌面上的 QQ 图标，打开 QQ 登录对话框，如图 3 - 91 所示。
（2）在 QQ 登录对话框的账号文本框中，输入或选择一个要使用的账号，在密码文本框中输入密码，单击"登录"按钮，弹出 QQ 界面，如图 3 - 92 所示。

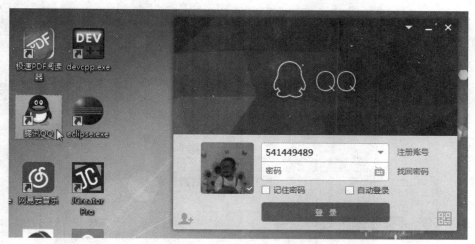

图 3 -91　打开 QQ

（3）单击"联系人"，在"家人"分组中，双击"小晶"，如图 3 - 93 所示。在弹出的聊天窗口中，输入文字，单击"发送"按钮，如图 3 - 94 所示。

图 3 -92　QQ 界面

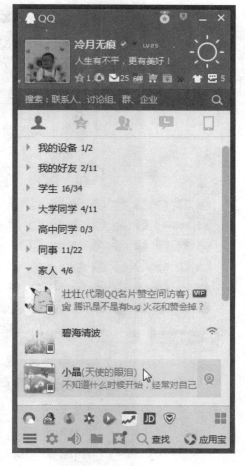

图 3 -93　选择聊天对象

图 3 - 94　发送聊天消息

　　（4）单击"选择表情"按钮，在弹出的界面中选择"微笑"表情，如图 3 - 95 所示，在消息中插入表情，单击"发送"按钮。

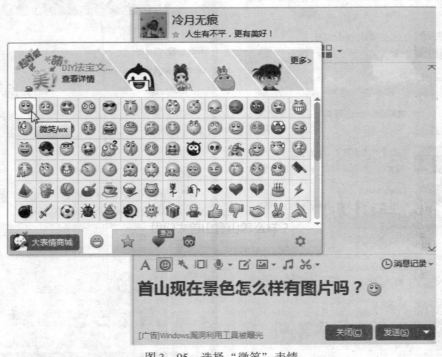

图 3 - 95　选择"微笑"表情

2. 发送图片和文件

（1）单击"发送图片"按钮，如图3-96所示，在弹出的"打开"对话框中选择所需的图片，如图3-97所示，单击"打开"按钮。

图3-96　"发送图片"按钮

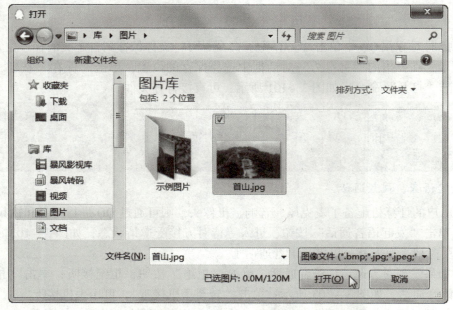

图3-97　选择所需的图片

（2）单击"传送文件"按钮的下拉三角，在下拉菜单中选择"发送文件"，如图3－98所示，在弹出的"打开"对话框中选择所需的文件，单击"打开"按钮，此时QQ处于传送文件状态，如图3－99所示。

图3－98　选择"发送文件"

（3）此时对方在QQ中单击"另存为"命令，可将文件保存到自定义的存放位置，如图3－100所示，在弹出的"另存为"对话框中选择保存的位置，单击"保存"按钮，成功保存后，单击"打开"命令，如图3－101所示，可直接打开文件。

温馨提示：接收对方QQ传送的文件，也可选择"接收"命令，程序自动将文件保存到指定的文件夹中，成功保存后，可进行打开、打开文件夹、转发、演示等多种操作。

3. 发起语音、视频通话

如果用户的计算机配备了麦克风、音响、摄像头，则可通过QQ进行语音和视频通话。

（1）单击"发起语音通话"按钮，进入等待对方接受邀请状态，如图3－102所示，一旦对方接受邀请，双方就可以进行语音通话了。

（2）如果发现对方邀请你语音通话，单击"拒绝"按钮，拒绝接听；单击"接听"按钮，接受语音通话，如图3－103所示；单击"转至手机接听"，可用手机接听。

（3）接听过程中如果通话结束，单击"挂断"按钮，可结束通话，如图3－104所示。

图 3 – 99　传送文件

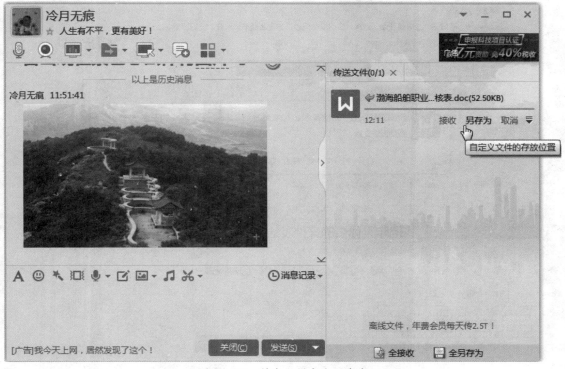

图 3 – 100　单击"另存为"命令

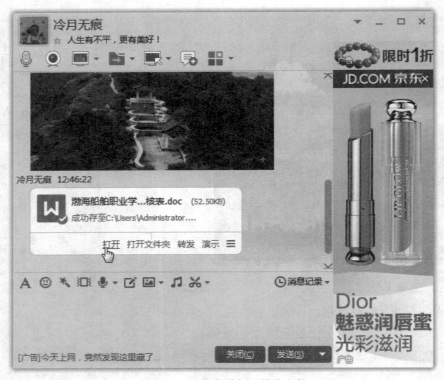

图 3 - 101　保存并打开接收文件

图 3 - 102　发起语音通话

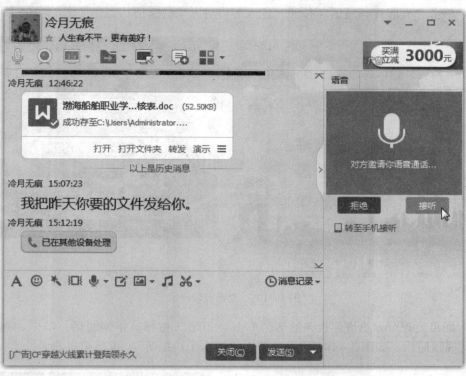

图 3 – 103　"接听"语音通话

图 3 – 104　"挂断"语音通话

（4）单击"发起视频通话"按钮，进入等待对方接受邀请状态，如图 3 – 105 所示。

图 3 – 105　发起视频通话

（5）如果发现对方邀请你视频通话，单击"拒绝"按钮，拒绝通话；单击"接听"按钮，接受视频通话，如图 3 – 106 所示；单击"转至手机接听"，可用手机通话。

图 3 – 106　"接听"视频通话

（6）接听过程中如果通话结束，单击"挂断"按钮，可结束视频通话，如图 3 – 107 所示。

温馨提示： 视频通话窗口下方的工具栏有很多工具，比如：打开会话窗口、麦克风静音、关闭摄像头、拍照、画中画等，读者可自行体验尝试。

4. 查找功能

（1）单击"查找"按钮，可找人、找群、找服务，如图 3 – 108 所示。

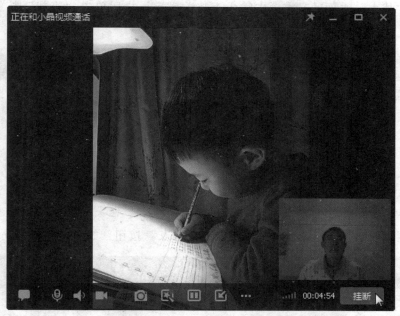

图 3 – 107　"挂断"视频通话

图 3 – 108　"查找"按钮

（2）在"找人"页面的文本框中输入查找关键字，之后单击"查找"按钮，如图 3 - 109 所示。

图 3 - 109　"查找"对话框

（3）在搜索的结果中，选择目标，单击"＋好友"按钮，如图 3 - 110 所示。

图 3 - 110　单击"＋好友"按钮

（4）弹出"添加好友"对话框，在"请输入验证信息"下方的文本框中输入相关的验证信息，之后单击"下一步"按钮，如图 3 - 111 所示。

图 3 - 111　"添加好友"对话框

（5）在"备注姓名"文本框中输入"渤海船院团委"，在"分组"下拉列表框中选择"同事"，单击"下一步"按钮，如图 3 - 112 所示。

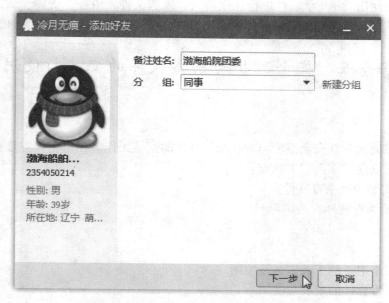

图 3 - 112　设置"备注姓名"和"分组"

（6）对话框显示"你的好友添加请求已经发送成功，正在等待对方确认。"，单击"完成"按钮，等待对方确认，如图 3 - 113 所示。

图 3 - 113　单击"完成"按钮

QQ 的使用

【任务总结】

本任务通过使用腾讯 QQ 软件进行在线聊天，发送文件，语音、视频通话，查找、添加好友的操作，使读者掌握即时通信软件的使用方法，提高与他人通信、交流的效率。

任务五　安全防护与杀毒软件的安装与使用

【任务目标】

本任务即将完成 360 安全卫士与 360 杀毒软件的安装工作。在整个任务过程中，期望读者在操作技能方面能够掌握以下几点：

（1）学会安装 360 杀毒软件。

（2）会使用杀毒软件查杀病毒。

【任务分析】

（1）360 安全卫士的下载安装及使用。

（2）360 杀毒软件的安装与使用。

【知识准备】

计算机病毒是指编制者在计算机程序中插入的破坏计算机功能或者破坏数据，影响计算机使用并且能够自我复制的一组计算机指令或者程序代码。

【任务实施】

1. 360 安全卫士的下载安装及使用

（1）打开 IE，在地址栏或搜索引擎中直接输入"360"，单击"360 安全卫士下载"，如图 3 - 114 所示。

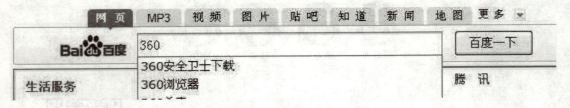

图 3 - 114　搜索 360 安全卫士

（2）单击"官方下载"按钮，如图 3 - 115 所示。

（3）下载时注意看清楚下载的目录，下载完成后从相应路径找到该文件，这里是下载到 D 盘的 TDDOWNLOAD 文件夹中，如图 3 - 116 所示。

（4）下载完成后，从相应路径找到该文件，双击"安装"。

（5）选择"快速安装"，如图 3 - 117 所示。

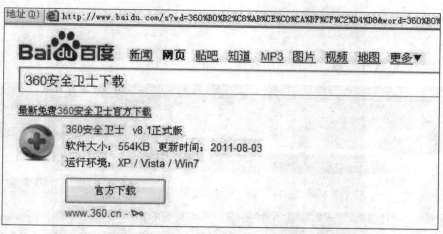

图 3 – 115　下载 360 安全卫士

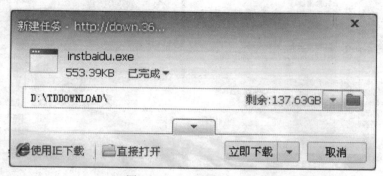

图 3 – 116　选择保存位置

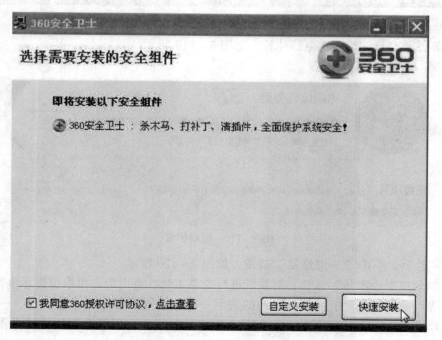

图 3 – 117　选择"快速安装"

（6）再单击"下一步"按钮，直到安装结束。

2. 360安全卫士安装后的运行及维护

（1）打开观察软件界面，关掉新版特性，如图3－118所示。

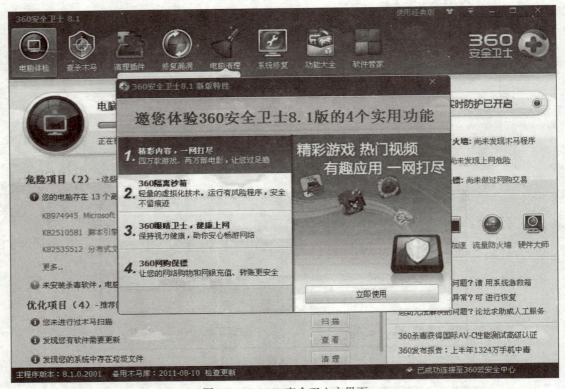

图3－118　360安全卫士主界面

（2）软件将会自动第一次电脑体检，如图3－119所示。

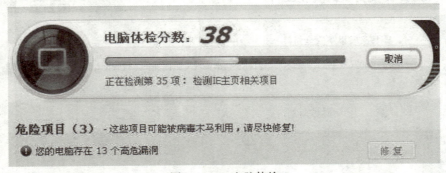

图3－119　电脑体检

（3）体检后，单击"一键修复"按钮，如图3－120所示。

（4）单击"查杀木马"按钮，对系统进行查杀木马。查出后，可根据提示进行删除。

（5）清理插件。黄色字并打了绿钩的表示一定要清理，标明可以清理的，一般都要选中，并单击"立即清理"。清除完后，问是否重启计算机，一般等全部优化好再重启，所以先取消，如图3－121所示。

图 3-120　一键修复

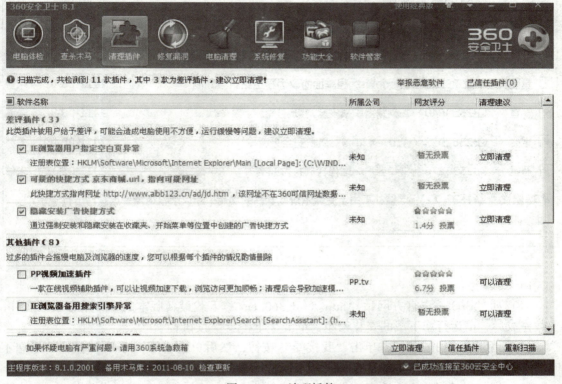

图 3-121　清理插件

（6）修复漏洞。软件将会自动选中必须要修复的选项，单击"立即修复"就行了，如图 3-122 所示。

（7）电脑清理，表示电脑使用了一段时间后，会产生垃圾，可清理掉。单击"开始扫描"，过几分钟后，再单击"清理"即可。

（8）系统修复。主要分为全面修复和单项修复，先扫描，再单击"立即修复"就行了。

（9）功能大全，这是对开机启动选项的修复。这将影响到计算机开机的快慢。可选择"一键优化"，再单击"立即优化"就可把计算机开机的速度提高。

3. 360 杀毒软件的安装与使用

360 杀毒是 360 安全中心出品的一款免费的云安全杀毒软件。360 杀毒具有以下优点：查杀率高、资源占用少、升级迅速等。同时，360 杀毒可以与其他杀毒软件共存，是一个理想杀毒备选方案。360 杀毒是一款一次性通过 VB100 认证的国产杀毒软件。

图 3 – 122　修复漏洞

1）安装

（1）通过 360 杀毒官方网站"http://sd.360.cn/"下载最新版本的 360 杀毒安装程序。下载完成后，请运行您下载的安装程序，单击"下一步"按钮。

（2）请阅读许可协议，并单击"我接受"按钮，然后单击"下一步"按钮，如果您不同意许可协议，请单击"取消"按钮退出安装，如图 3 – 123 所示。

（3）您可以选择将 360 杀毒软件安装到某个目录下，建议您按照默认设置即可。您也可以单击"浏览"按钮选择安装目录，然后单击"下一步"按钮。

（4）您会看见一个窗口，输入您想在"开始"菜单显示的程序组名称，然后单击"安装"命令，安装程序会开始复制文件，文件复制完成后，会显示安装完成窗口。请单击"完成"按钮，360 杀毒软件就已经成功地安装到您的计算机上了。

2）卸载

（1）从 Windows 的"开始"菜单中，单击"开始"→"程序"→"360 杀毒"命令，单击"卸载 360 杀毒"选项，如图 3 – 124 所示。

（2）"360 杀毒"会询问您是否要卸载程序，请单击"是"开始进行卸载，卸载程序开始删除程序文件。在卸载过程中，卸载程序会询问您是否删除文件恢复区中的文件。如果您是准备重装 360 杀毒，建议选择"否"保留文件恢复区中的文件，否则请选择"是"删除文件。

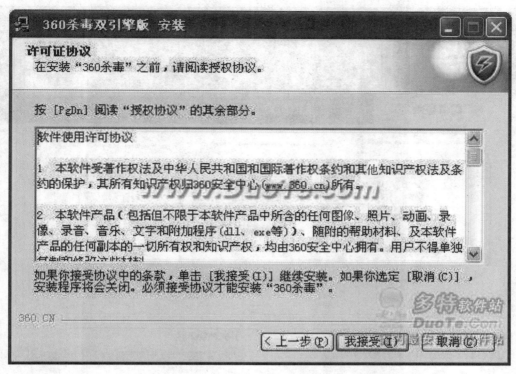

图 3 – 123　360 杀毒软件的安装

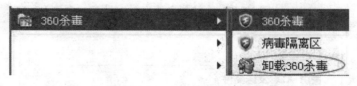

图 3 – 124　360 杀毒的卸载

（3）卸载完成后，会提示您重启系统。您可根据自己的情况选择是否立即重启。如果您准备立即重启，请关闭其他程序，保存您正在编辑的文档、游戏的进度等，单击"完成"按钮重启系统。重启之后，360 杀毒卸载完成。

3）病毒查杀

360 杀毒具有实时病毒防护和手动扫描功能，为您的系统提供全面的安全防护。实时防护功能在文件被访问时对文件进行扫描，及时拦截活动的病毒。在发现病毒时会通过提示窗口警告您。360 杀毒提供了四种手动病毒扫描方式：快速扫描、全盘扫描、指定位置扫描及右键扫描，如图 3 – 125 所示。

（1）快速扫描：扫描 Windows 系统目录及 Program Files 目录。

（2）全盘扫描：扫描所有磁盘。

（3）指定位置扫描：扫描您指定的目录。

（4）右键扫描：集成到右键菜单中，当您在文件或文件夹上单击鼠标右键时，可以选择"使用 360 杀毒扫描"对选中文件、磁盘或移动磁盘进行扫描，如图 3 – 126 所示。

图 3-125 "360 杀毒"的主界面

图 3-126 右键扫描

其中前三种扫描都已经在"360杀毒"主界面中作为快捷任务列出，只需单击相关任务就可以开始扫描。启动扫描之后，会显示扫描进度窗口。在这个窗口中您可看到正在扫描的文件、总体进度，以及发现问题的文件，如图3-127所示。

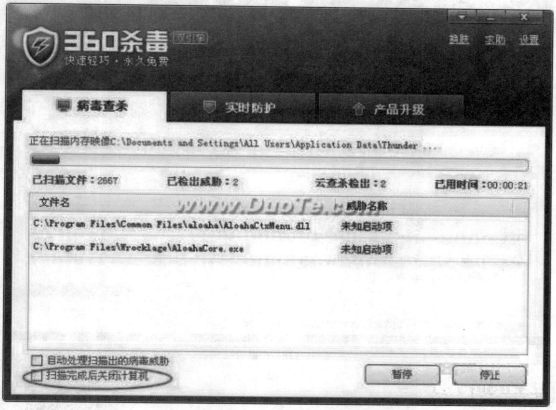

图3-127 病毒查杀

温馨提示：如果您希望360杀毒在扫描完计算机后自动关闭计算机，请选中"扫描完成后关闭计算机"选项。请注意，只有在您将发现病毒的处理方式设置为"自动清除"时，此选项才有效。如果您选择了其他病毒处理方式，扫描完成后不会自动关闭计算机。

4）升级

360杀毒具有自动升级功能，如果您开启了自动升级功能，360杀毒会在有升级可用时自动下载并安装升级文件。自动升级完成后会通过气泡窗口提示您，如图3-128所示。

温馨提示：如果您想手动进行升级，请在360杀毒主界面单击"升级"标签，进入升级界面，并单击"检查更新"按钮。升级程序会连接服务器检查是否有可用更新，如果有，就会下载并安装升级文件。升级完成后会提示您："恭喜您！现在，360杀毒已经可以查杀最新病毒啦"。

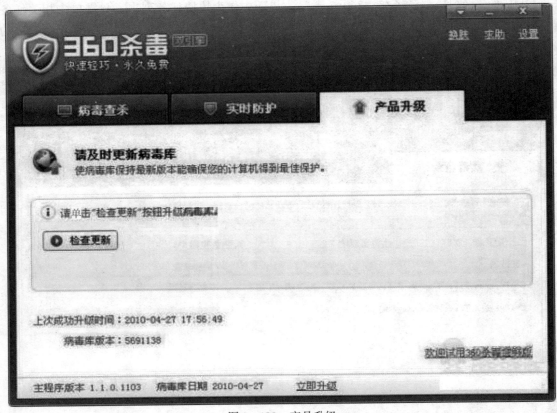

图 3 – 128　产品升级

【任务总结】

　　本任务通过 360 安全卫士与 360 杀毒软件的安装与使用，使读者了解计算机安全的重要性，掌握计算机安全软件的使用方法，从而使计算机远离危险。

安全防护与杀毒
软件的使用

【项目评价】

评价点	教师评价	学生自我评价
局域网的组建与应用		
IE 浏览器的设置与使用		
电子邮件的使用		
QQ 的使用		
安全防护与杀毒软件的安装与使用		

【项目小结】

本项目通过局域网的组建与应用、IE浏览器的设置与使用、电子邮件的使用、QQ的使用、安全防护与杀毒软件的安装与使用等任务的完成，使学生掌握Internet与网络基础的知识。

【练习与思考】

项目三　习　　题

一、网络概念

1. IP地址由四组数字组成，下列有错误的是（　　　）。

　　A. 202. 39. 246. 80　　　　　　　　　B. 140. 116. 23. 77

　　C. 303. 64. 52. 10　　　　　　　　　D. 192. 192. 180. 180

2. 下列连接方式中，属于总线拓扑的是（　　　）。

　　A. 网络上的所有工作站都彼此独立

　　B. 网络上的所有工作站都是一台接一台地连接

　　C. 网络上的所有工作站都与一个中央控制器连接

　　D. 网络上的所有工作站都直接与一个共同的通道连接

3. 接入Internet的每一台主机都有一个唯一的可识别地址，称作（　　　）。

　　A. URL　　　　　　B. 邮件地址　　　　　　C. IP地址　　　　　　　D. 域名

4. HTTP与HTTPS通信协议的差异为（　　　）。

　　A. HTTPS加强安全性　　　　　　　　B. HTTPS加强执行速度

　　C. HTTPS加强数据传输量　　　　　　D. HTTPS可允许更多人同时上网使用

5. 在通信传输的媒介之中，下列属于无线（Wireless）媒介的是（　　　）。

　　A. 光纤　　　　　　B. 人造卫星　　　　　　C. 同轴电缆　　　　　　D. 电话线

6. 在互联网上，专门提供IP与域名转换的服务器是（　　　）。

　　A. WWW　　　　　　B. FILE　　　　　　C. FTP　　　　　　　D. DNS

7. 在网络上信息传输速率的单位是（　　　）。

　　A. 帧/秒　　　　　　B. 文件/秒　　　　　　C. 位/秒　　　　　　D. 米/秒

8. 下列网络的拓扑形态中，当有一台计算机故障时，网络的数据通信最不会受到影响的是（　　　）。

　　A. 星形式（Star）　　B. 环形式（Ring）　　C. 网状式（Mesh）　　D. 总线式（Bus）

9. 通常我们上网操作时，输入的URL信息转换成IP地址所依靠的服务器是（　　　）。

　　A. FTP　　　　　　B. DHCP　　　　　　C. DNS　　　　　　D. NFS

　　E. SAMBA

10. 常用的数据传输速率单位有Kbps、Mbps、Gbps，1 Gbps等于（　　　）。

　　A. 1×10^3 Mbps　　B. 1×10^3 Kbps　　C. 1×10^6 Mbps　　D. 1×10^9 Kbps

11. 下列网络器件中，可以实现包过滤防火墙的是（　　　）。

A. 网络适配器　　B. 调制解调器　　　　C. 路由器　　　　　　D. 交换机

E. 集线器

12. 下列叙述中正确的是（选择两项）（　　　）。

A. Yahoo！奇摩的拍卖网站的通信模式是属于点对点式架构

B. FTP 下载网站是属于主从式网络

C. ezPeer 等下载分享软件形成的架构是点对点式架构

D. eMule 是属于主从式的架构

13. 下列关于交换器的叙述中，正确的是（选择两项）（　　　）。

A. 交换器比集线器更能有效利用带宽

B. 交换器不容许不同速度网络共存

C. 交换器拥有网络流量监控功能

D. 交换器比集线器更便宜

14. 下列名称代表局域网应用领域的是（选择两项）（　　　）。

A. 教育网　　　　　　　　　　　　　B. 校园网

C. 办公室内部办公网络　　　　　　　D. 微信

E. QQ

15. 请将下列网络器件与其作用搭配起来。

| 数字信号与模拟信号转换 |
| 计算机和网络的接口 |
| 数据包转发 |
| 网络信号的整形与放大 |
| 连接广域网 |

| 网络适配器 |
| 调制解调器 |
| 路由器 |
| 交换机 |
| 集线器 |

二、浏览与搜索

1. 在搜索引擎中，搜索"引力波黑洞"和搜索"黑洞引力波"所产生的结果相同。（　　　）

A. 正确　　　　　　　　　　　　　　B. 错误

2. 在 IE 浏览器中，要打开浏览器主页，应当单击的按钮是（　　　）。

A. 🏠　　　　　　B. ☆　　　　　　C. ⚙　　　　　　D. 🗕

3. 关于域名缩写，正确的是（　　　）。

A. cn 代表中国，edu 代表科研机构　　　B. com 代表商业机构，gov 代表政府机构

C. uk 代表中国，edu 代表科研机构　　　D. ac 代表英国，gov 代表政府机构

4. 要在谷歌搜索引擎中搜索包含完整关键字"信息素养大赛"的网页，关键字的输入方式是（　　　）。

A. "信息素养大赛"　　　　　　　　　B. 信息素养大赛

C. 信息素养 OR 大赛　　　　　　　　D. –信息素养大赛

5. 在 IE 浏览器中，对于收藏夹中的网址不能进行的操作是（　　　）。

A. 删除　　　　　　B. 移动　　　　　　C. 自动排序　　　　　　D. 重命名

6. 在 IE 浏览器中，全屏查看网页的快捷键是（　　）。

    A. F1　　　　　　　　B. F5　　　　　　　　C. F9　　　　　　　　D. F11

7. 关于 Web 2.0 之叙述，错误的是（　　）。

    A. 是一种新的浏览器版本

    B. 维基百科是符合 Web 2.0 的有名服务之一

    C. 以 WWW 作为平台

    D. 具有资源共享及免费服务的特色

8. 以下属于网络常见的服务项目是（　　）。

    A. RSS　　　　　　　B. RFID　　　　　　　C. POS　　　　　　　D. RTC

9. 在谷歌中搜索与网址"www.51ds.org"相似的网页，键入的正确关键词是（　　）。

    A. www.51ds.org　　　　　　　　　　　　B. Site：www.51ds.org

    C. related：www.51ds.org　　　　　　　　D. link：www.51ds.org

10. 若您想要变更 Internet Explorer 中的预设首页，应该修改（　　）。

    A. 收藏夹　　　　　　　　　　　　　　B. Internet 选项

    C. 自定义及控制（>设置>主页）　　　D. 视图

11. 在 IE 浏览器中，如果想搜索北京电视台之外的所有电视台信息，输入正确的方式为（　　）。

    A. 电视台 + 北京　　　　　　　　　　B. 北京电视台

    C. 电视台 or 北京　　　　　　　　　　D. 电视台 and 北京

    E. 电视台 – 北京电视台

12. 下图是维基百科的词条编辑页面，其中最新的修改是（　　）。

- （当前｜先前）〇　2010年12月8日（三）04:17　Stevenliuyi（讨论｜贡献）▮（37,497字节）（取消 *120.193.108.26（对话）的编辑；更改回Symplectopedia的最后一个版本*）（撤销）
- （当前｜先前）〇　2010年12月8日（三）04:09　120.193.108.26（讨论）（38,082字节）（*→其他论战*）（撤销）
- （当前｜先前）〇　2010年12月8日（三）04:07　120.193.108.26（讨论）（37,790字节）（*→赛车生涯*）（撤销）
- （当前｜先前）〇　2010年12月2日（四）16:55　Symplectopedia（讨论｜贡献）（37,497字节）（撤销）
- （当前｜先前）〇　2010年11月29日（一）10:39　韦一笑（讨论｜贡献）（37,499字节）（*→身世之争*）（撤销）
- （当前｜先前）〇　2010年11月24日（三）13:41　Marcushsu（讨论｜贡献）（38,227字节）（撤销）

    A. 修改了排版错误　　　　　　　　　　B. 扩充了内容

    C. 退回到了以前的版本　　　　　　　　D. 修正了笔误

13. 在如下所示的搜索结果中，排在最上面的链接是（　　）。

A. 付费广告　　　　　　　　　B. 最有价值的搜索条目
C. 被访问最多的搜索条目　　　D. 随机出现的条目

14. 在 IE 浏览器中，要打开收藏夹，应当单击的按钮是（　　　）。

A. 🏠　　　　　　B. ⭐　　　　　　C. ⚙　　　　　　D. ↻

15. 在 IE 浏览器中，启用窗口阻止功能后，要允许指定网站（例如，buu. edu. cn）的窗口可以弹出，请对以下操作步骤进行排序。（　　　）

A. 切换到"隐私"选项卡

B. 打开"Internet 选项"对话框

C. 将网址"buu. edu. cn"添加到允许的站点列表中

D. 关闭所开启的对话框

E. 单击"设置"按钮，开启"弹出窗口阻止程序设置"对话框

16. 请以正确的顺序排列以下的操作，完成在使用 Internet Explorer 浏览器上网的时候，禁用第三方 Cookie。（　　　）

A. 切换到"隐私"选项卡

B. 选择"工具"菜单中的"Internet 选项"命令

C. 选择"高级"命令

D. 单击"确定"按钮完成操作

E. 在"第三方 Cookie"类别中选中"阻止"单选按钮

三、数字生活

1. 万维网是因特网的一个应用，它只是建立在因特网上的一种网络服务。（　　　）
   A. 正确　　　　　　　　　　　　B. 错误

2. 顾客在网上购物的时候，把选购的商品存放在"购物车"中，购物车能够正常工作是因为 HTTP 协议可以记录浏览器之前的交互活动。（　　　）
   A. 正确　　　　　　　　　　　　B. 错误

3. Cookie 的作用是：记录用户对计算机操作的次数。（　　　）
   A. 正确　　　　　　　　　　　　B. 错误

4. QQ 和 Skype 均提供在线文件传输与在线语音通话的功能。（　　　）
   A. 正确　　　　　　　　　　　　B. 错误

5. 支付宝钱包是国内领先的移动支付平台，内置信用卡还款、转账、充话费、缴水电煤费等贴心服务。（　　　）
   A. 正确　　　　　　　　　　　　B. 错误

6. 在 Microsoft Outlook 2010 中，可以创建搜索文件夹，显示某人发来的所有邮件。（　　　）
   A. 正确　　　　　　　　　　　　B. 错误

7. 在 Microsoft Outlook 2010 中，对于答复邮件和转发邮件可以设置不同的默认签名。（　　　）
   A. 正确　　　　　　　　　　　　B. 错误

8. 在 Microsoft Outlook 2010 中，不能同时管理多个电子邮件账户。（　　　）

A. 正确　　　　　　　　　　　　　　　　　B. 错误

9. 在发送电子邮件时，如果希望某位收件人的电子邮件地址不被其他收件人看到，则应将其填写在（　　　　）。

　　A. 收件人栏　　　　B. 抄送栏　　　　C. 密送栏　　　　D. 主题栏

10. 下列网站属于"微博（Micro blog）"的是（　　　　）。

　　A. Microsoft　　　　B. QQ　　　　C. 新浪微博　　　　D. 网易

11. 在 IE 浏览器中，要阅读电子邮件，应当单击的按钮是（　　　　）。

　　A. 🏠　　　　B. ⭐　　　　C. ⚙　　　　D. ✉

12. 电子凭证是（　　　　）。

　　A. 网络购物的身份证明　　　　　　　　B. 软件的序号

　　C. 应用软件的开发商　　　　　　　　　D. 操作系统中用户的账号和密码

13. 在 Microsoft Outlook 2010 中，下列说法错误的是（　　　　）。

　　A. 阅读窗格可以显示在视图的底端

　　B. 阅读窗格可以显示在视图的右侧

　　C. 阅读窗格可以被隐藏

　　D. 阅读窗格可以显示在视图的左侧

14. 关于 Microsoft Outlook 中的联系人组，以下说法不正确的是（　　　　）。

　　A. 可以向联系人组添加成员

　　B. 可以从联系人组中删除成员

　　C. 可以同时向联系人组中的所有成员发送相同的邮件内容

　　D. 可以同时向联系人组中的所有成员发送不同的邮件内容

15. Microsoft Outlook 中的日历最多可以显示的时区数量是（　　　　）。

　　A. 1　　　　B. 2　　　　C. 3　　　　D. 4

16. 关于互联网服务的叙述，不恰当的是（　　　　）。

　　A. 可在 BBS 上发表自己对时事的看法

　　B. Skype 能与好朋友实时语音通信

　　C. 透过 VoIP 可在网络上看电影和听音乐

　　D. 可以在 Google Maps 中看到住家附近的景色

17. 下列不能实现文档共享的是（　　　　）。

　　A. 电子邮件　　　　　　　　　　　　　B. 手机

　　C. 网络存储　　　　　　　　　　　　　D. 云

18. 企业间的电子资金移转作业是属于电子商务的何种模式？（　　　　）。

　　A. C2C（Customer – to – Customer）　　B. C2B（Customer – to – Business）

　　C. B2C（Business – to – Customer）　　D. B2B（Business – to – Business）

19. Microsoft Outlook 用户要提醒自己每个月的 28 日，在空闲的时候去银行还信用卡贷款，那么他应当在日历中创建的项目是（　　　　）。

　　A. 约会　　　　B. 全天事件　　　　C. 会议要求　　　　D. 定期事件

　　E. 定期会议

20. 在互联网的应用上，SMTP 服务器指的是（　　　）。

    A. 寄信服务器   B. 网站服务器   C. 文件服务器   D. 收信服务器

21. 下列不属于网络电话拨打软件的是（　　　）。

    A. QQ   B. Skype   C. Outlook   D. Google Talk

四、移动通信

1. 在 Windows Phone 中，如 Word 或 Excel 等 Office 文件，预设的云端储存空间是（　　　）。

    A. 微盘   B. 百度云   C. 华为网盘   D. OneDrive

2. 下列对于智能型手机中，有关"天气"APP 的叙述，错误的是（　　　）。

    A. 开启手机定位功能，方可得知目前当地的天气

    B. 需使用 3G 或 WiFi 联机网络

    C. 必须配合像中国移动、中国电信这样的网络服务供货商

    D. 在能上网的情况下，可查询任何城市一周内的天气

3. 在 iOS 手机中照片所储存的格式是（　　　）。

    A. TIFF   B. RAW   C. JPEG   D. BMP

4. 在 iOS 系统的 iPhone 手机中，默认的邮件软件是（　　　）。

    A. Google Gmail   B. Yahoo Mail

    C. Apple iCloud Mail   D. Mozilla Thunderbird

5. 下列哪一种是利用 iOS 手机所拍摄影片的单元格式？（　　　）

    A. MPEG   B. AVI   C. MKV   D. MOV

6. 下列操作中，可让您在 iOS 手机中删除已安装的 APP 的是（　　　）。

    A. 利用 APP 的"设置"功能里，"应用程序"或"应用程序管理员"中的"卸载"

    B. 拖拉 APP 至回收站

    C. 按住 APP 不放，就会出现一个"╳"，再点选左上角的"╳"

    D. 执行 APP，再由菜单中选择"卸载"

7. 可以透过移动电话基站连接网络的方式是（　　　）。

    A. 有线电视网络   B. ADSL 网络

    C. 无线通信网络   D. 光纤网络

8. 下列操作中，可让您在 Android 手机中删除已安装的 APP 的是（　　　）。

    A. 利用 APP 的"设置"功能里，"应用程序"或"应用程序管理员"中的"卸载"

    B. 拖拉 APP 至回收站

    C. 按住应用程序列表中的 APP 不放，再由菜单中选择"卸载"

    D. 执行 APP，再由菜单中选择"卸载"

9. 下列网页浏览器中，预设使用在 iPhone、iPod touch 与 Mac PC 上的是（　　　）。

    A. Safari   B. Opera   C. Firefox   D. Internet Explorer

10. 下列属于 Android 智能型移动装置上的安装文件类型的是（　　　）。

    A. exe   B. apk   C. msi   D. jsp

11. 下列不属于智能型手机上网方式的是（　　　）。

    A. RFID   B. WiFi   C. WiMAX   D. LTE

12. 下列不属于网络电话拨打软件的是（　　　）。

A. QQ 　　　　B. Skype 　　　　C. Outlook 　　　　D. Google Talk

13. 下列属于电信业者称为 4G 规格的是（选择两项）（　　　）。

A. WiMAX 　　　B. LTE 　　　　C. WAP 　　　　D. PHS

14. 关于手机的飞行模式，说法错误的是（选择两项）（　　　）。

A. 在飞行模式下，无法拨打电话

B. 在飞行模式下，无法开启蓝牙功能

C. 在飞行模式下，无法收发短信

D. 在飞行模式下，无法使用 WiFi 网络

E. 在飞行模式下，无法使用 3G 网络

15. 移动智能终端包括（选择四项）（　　　）。

A. 智能手机　　 B. 智能手表　　　 C. 智能手环　　　 D. 蓝牙音箱

E. 平板电脑

16. 将无线通信与国际互联网等多媒体通信结合，并能够方便、快捷地处理图像、音乐、视频流等多种媒体形式，提供包括网页浏览、电话会议、电子商务等多种信息服务的移动通信系统是指（选择两项）（　　　）。

A. 1G　　　　　 B. 2G　　　　　 C. 2.5G　　　　　 D. 3G

E. 4G

习题答案

项目一　习题答案

一、计算机硬件

题号	1	2	3	4	5	6	7	8	9	10	11
答案	A	B	A	B	B	C	C	A	A	B	C
题号	12	13	14	15	16	17	18	19	20	21	
答案	BDE	DE	BD	BE	AD	BC	DE	AB	ABDE	BD	

题号	22	23	24	25	26
答案	BACD	ADCB	CABD	ADBC	FDEBCA
题号	27	28	29	30	31
答案	ABEDC	ACBED	BCADE	DBAC	BADC

32	1 024
33	65 535

二、计算机软件

题号	1	2	3	4	5	6	7	8
答案	A	B	C	D	C	C	C	C

9	系统软件——用以在计算机上管理计算机资源 操作系统——提供操作接口、安装执行程序的环境、文件磁盘与系统安全管理 公用程序——维护计算机效能，如备份与还原、防病毒软件或程序设计工具 应用软件——用来执行某些任务、处理数据和生成有用结果的程序，如选课系统
10	网页设计——Dreamweaver　　　　　个人信息管理软件——MS Outlook 项目管理——MS Project　　　　　　浏览器——Google Chrome
11	免费软件——不需支付授权费用，即可使用于私人非商业用途 软件授权——软件开发商与购买者之间的法律合约 固件——内含软件的硬件 软件即服务——透过 Internet 提供软件，在远程数据中心安装、执行与维护，再以浏览器存取使用应用软件，并可进行在线协同作业
12	OneNote——数字笔记本　　　　　Open WorkBench——项目管理 Winamp——播放音乐　　　　　　Sony vegas——媒体编辑

三、操作系统基础

题号	1	2	3	4	5	6	7	8	9	10
答案	A	B	B	A	A	B	C	D	D	C
题号	11	12	13	14	15					
答案	A	C	A	B	D					

项目二 习题答案

一、综合题

题号	1	2	3	4	5	6	7	8	9	10	11
答案	A	B	A	B	B	C	C	D	D	B	A
题号	12	13	14	15	16	17	18	19	20	21	22
答案	A	A	B	A	B	BD	ABD	BE	BC	AB	AD

23	更改账号图片——用户账户和家庭安全 添加或删除用户账户 为所有用户设置家长控制　　连接到投影仪——硬件和声音 查看设备和打印机 添加设备 调整屏幕分辨率——外观和个性化 更改主题 更改桌面背景　　更改高级共享设置——网络和Internet 查看网络状态和任务 选择家庭组和共享选项
24	帮助和支持主页——🏠　　浏览帮助——📖 打印——🖨　　了解有关其他支持选项的信息——
25	系统长时间不响应用户的要求，要结束该任务——"Ctrl"＋"Alt"＋"Delete" 打开"开始"菜单——"Ctrl"＋"Esc" 关闭正在运行的程序窗口——"Alt"＋"F4" 实现各种输入方式的切换——"Ctrl"＋"Shift"

二、操作题

1. Windows 7 基本操作：

2. 文件及文件夹操作：

项目三　习题答案

一、网络概念

题号	1	2	3	4	5	6	7	8
答案	C	D	C	A	B	D	C	C
题号	9	10	11	12	13	14		
答案	C	A	C	BC	AC	BC		

15. 数字信号与模拟信号转换——调制解调器
　　计算机和网络的接口——网络适配器
　　数据包转发——交换机
　　网络信号的整形与放大——集线器
　　连接广域网——路由器

二、浏览与搜索

题号	1	2	3	4	5	6	7
答案	B	A	B	A	C	D	A
题号	8	9	10	11	12	13	14
答案	A	C	B	E	C	A	B
题号	15				16		
答案	BAECD				BACED		

三、数字生活

题号	1	2	3	4	5	6	7	8	9
答案	A	B	B	A	A	A	B	B	C
题号	10	11	12	13	14	15	16	17	18
答案	C	D	A	D	D	B	C	B	D
题号	19	20	21						
答案	D	A	C						

四、移动通信

题号	1	2	3	4	5	6	7	8
答案	D	A	C	C	D	C	C	A
题号	9	10	11	12	13	14	15	16
答案	A	B	A	C	AB	BD	ABCE	DE

参 考 文 献

【1】 顾振山，等．大学计算机基础案例教程 ［M］．北京：电子工业出版社，2014．

【2】 李淑华．计算机文化基础 ［M］．北京：高等教育出版社，2013．

【3】 侯冬梅．计算机应用基础实训教程 ［M］．北京：中国铁道出版社，2011．

【4】 王竝．计算机应用基础　拓展实训 ［M］．北京：人民邮电出版社，2013．